云南旅游职业学院提质培优规划教材

自动化测试案例教程

主编 / 丁应逵　凡　尧

副主编 / 谢　彬　覃义雄　马仲吾　刘　东　段石林

重庆大学出版社

内容提要

自动化测试是软件测试领域中的一个重要分支,其历史可以追溯到软件开发的早期阶段。随着软件行业的快速发展和市场需求的日益增长,传统的手工测试方法已不足以满足项目对周期和质量的要求,自动化测试因此成为必然趋势。

本书全面系统地介绍了自动化测试的基础知识和主流自动化测试技术。全书共9章,主要内容包括认识自动化测试、Python 语言基础、unittest 单元测试、Postman 接口测试、JMeter 接口测试、pytest 接口测试、RobotFramework 接口测试、Selenium 自动化测试和 Selenium Web UI 测试等内容。

图书在版编目(CIP)数据

自动化测试案例教程 / 丁应逑,凡尧主编. -- 重庆:重庆大学出版社,2024.10. --(云南旅游职业学院提质培优规划教材). -- ISBN 978-7-5689-4843-2

Ⅰ. TP311.561

中国国家版本馆 CIP 数据核字第 20242GZ151 号

自动化测试案例教程

主　编　丁应逑　凡　尧
副主编　谢　彬　覃义雄　马仲吾
　　　　刘　东　段石林
策划编辑:谢冰一

责任编辑:姜　凤　　版式设计:谢冰一
责任校对:王　倩　　责任印制:张　策

*

重庆大学出版社出版发行
出版人:陈晓阳
社址:重庆市沙坪坝区大学城西路21号
邮编:401331
电话:(023)88617190　88617185(中小学)
传真:(023)88617186　88617166
网址:http://www.cqup.com.cn
邮箱:fxk@cqup.com.cn(营销中心)
全国新华书店经销
重庆市国丰印务有限责任公司印刷

*

开本:787mm×1092mm　1/16　印张:14　字数:330千
2024年10月第1版　2024年10月第1次印刷
印数:1—1 000
ISBN 978-7-5689-4843-2　定价:39.00元

本书如有印刷、装订等质量问题,本社负责调换
版权所有,请勿擅自翻印和用本书
制作各类出版物及配套用书,违者必究

序　言

在信息化时代的大潮中,软件行业作为信息技术的核心驱动力,正以前所未有的速度蓬勃发展。软件产品的质量和稳定性不仅直接关系到用户体验,更成为企业在激烈的市场竞争中脱颖而出的关键因素。然而,随着软件规模和复杂度的不断提升,传统的手工测试方式已经难以满足现代软件开发对测试效率和质量的高要求。因此,自动化测试应运而生,并迅速成为软件质量保证领域的重要组成部分。

自动化测试是软件测试领域的一个重要分支,其历史可以追溯到软件开发的早期阶段。进入21世纪,自动化测试工具和框架开始大量涌现。这些工具和框架提供了丰富的功能和灵活的定制选项,使得测试人员能够更容易地实现自动化测试。例如,Selenium、Appium、JMeter等工具在Web、移动和性能测试领域得到了广泛应用。随着技术的不断进步和需求的不断变化,自动化测试将继续发挥重要作用,为软件行业的快速发展提供有力支持。

自动化测试是一种利用测试工具和框架,按照预定的测试计划和步骤,自动执行测试用例,并对测试结果进行分析和评估的过程。它不仅能够显著提高测试效率,减少人为错误,还能够对软件质量进行持续监控,确保软件在开发过程中的稳定性和可靠性。随着自动化测试技术的不断发展和完善,它已经成为软件开发过程中不可或缺的一环。

在当前的高职高专教育中,计算机专业及软件开发相关专业的学生对于自动化测试技术的需求日益迫切。一方面,市场对软件测试工程师的需求持续增长,对测试人员的专业素养和技能水平提出了更高的要求;另一方面,高职高专院校作为职业教育的重要组成部分,承担着为社会培养高素质技能型人才的重任。因此,将自动化测试技术纳入高职高专课程体系,不仅符合市场需求,也是提升学生就业竞争力的关键所在。

正是基于这样的背景,我们编写了这本《自动化测试案例教程》。本书旨在全面介绍自动化测试的基础知识及主流技术,通过丰富的案例和实践任务,帮助学生掌握自动化测试的核心技能,为将来的职业生涯打下坚实的基础。

全书共 9 章,内容包括认识自动化测试、Python 语言基础、unittest 单元测试、Postman 接口测试、JMeter 接口测试、pytest 接口测试、RobotFramework 接口测试、Selenium 自动化测试、Selenium Web UI 测试。同时,我们还精心挑选了具有代表性的自动化测试工具进行讲解,确保学生所学内容学有所用,能够无缝衔接自动化测试岗位。

此外,本书还强调实验教学的重要性。在每个章节中,我们都设计了大量的实验任务,让学生在做中学,通过实践来巩固理论知识,提升技能水平。这种教学方式不仅能够激发学生的学习兴趣和积极性,还能够培养学生的创新思维和解决问题的能力。

值得一提的是,本书的编写团队由多位具有丰富一线开发和教学经验的老师组成。他们不仅精通自动化测试技术,还深谙高职高专教育的特点和规律。在编写过程中,他们充分考虑了高职高专学生的实际情况和学习需求,力求使本书的内容既具有实用性,又具有一定的深度和广度。

总之,《自动化测试案例教程》是一本适合高等职业院校计算机专业及软件开发相关专业学生使用的教材。它不仅能够帮助学生掌握自动化测试的核心技能,还能够为他们的职业生涯发展提供有力的支持。我们相信,通过本书的学习,学生们一定能够在自动化测试领域取得长足的进步,为软件行业的发展贡献自己的力量。

编　者
2024 年 1 月

目录
CONTENTS

第1章　认识自动化测试 ······ 001

【学习目标】 ······ 001
1.1　自动化测试的定义 ······ 001
1.2　自动化测试适用场景 ······ 003
1.3　自动化测试的引入时机 ······ 005
1.4　做好自动化测试需要具备的能力 ······ 005
1.5　自动化测试工具 ······ 006
课后习题 ······ 007

第2章　Python 语言基础 ······ 008

【学习目标】 ······ 008
2.1　Python 开发环境安装 ······ 008
2.2　Python 程序结构 ······ 010
2.3　Python 流程控制 ······ 017
2.4　文件操作 ······ 024
课后习题 ······ 033

第 3 章　unittest 单元测试 ……………………………………………… 035

【学习目标】………………………………………………………………………………… 035
3.1　单元测试框架简介 …………………………………………………………………… 035
3.2　unittest 框架 ………………………………………………………………………… 036
3.3　unittest 框架案例实战 ……………………………………………………………… 037
3.4　使用 unittest 框架生成 HTML 可视化测试报告 …………………………………… 046
3.5　案例：使用 unittest 框架进行数据驱动测试 ……………………………………… 047
课后习题 ……………………………………………………………………………………… 061

第 4 章　Postman 接口测试 ……………………………………………… 063

【学习目标】………………………………………………………………………………… 063
4.1　设计测试用例 ………………………………………………………………………… 063
4.2　HTTP 协议 …………………………………………………………………………… 066
4.3　Postman 接口测试工具快速上手 …………………………………………………… 074
4.4　使用 Postman 调用 API 接口 ………………………………………………………… 075
4.5　Postman 接口测试 …………………………………………………………………… 081
4.6　案例：测试 PetStore 接口 …………………………………………………………… 093
课后习题 ……………………………………………………………………………………… 100

第 5 章　JMeter 接口测试 ………………………………………………… 101

【学习目标】………………………………………………………………………………… 101
5.1　JMeter 安装配置 ……………………………………………………………………… 101
5.2　使用 JMeter 测试接口 ………………………………………………………………… 103
5.3　JMeter 测试计划 ……………………………………………………………………… 108
5.4　更多 JMeter 组件 ……………………………………………………………………… 110
5.5　案例：百度搜索引擎性能测试 ……………………………………………………… 110
课后习题 ……………………………………………………………………………………… 114

第 6 章　pytest 接口测试 ·· 115

【学习目标】··· 115
6.1　pytest ·· 115
6.2　案例：使用 pytest 对接口进行测试 ··· 124
6.3　案例：pytest 接口测试框架 ··· 127
课后习题 ·· 132

第 7 章　RobotFramework 接口测试 ··· 133

【学习目标】··· 133
7.1　使用 RobotFramework ··· 133
7.2　robot 基础语法 ··· 136
7.3　案例：RobotFramework 接口测试框架 ··· 142
课后习题 ·· 146

第 8 章　Selenium 自动化测试 ·· 148

【学习目标】··· 148
8.1　Selenium IDE 安装 ·· 148
8.2　录制与回放 ·· 153
8.3　Selenium IDE 常用操作 ·· 156
8.4　案例：自动化测试练习网站测试 ·· 163
课后习题 ·· 167

第 9 章　Selenium Web UI 测试 ·· 168

【学习目标】··· 168
9.1　测试环境搭建 ··· 168
9.2　案例：编写第一个 Selenium 自动化测试脚本 ·· 171

9.3 元素定位 ··· 172

9.4 Web 元素定位 ··· 174

9.5 WebDriver API 用法详解 ·· 186

课后习题 ··· 212

参考文献·· 213

第1章 认识自动化测试

自动化测试是软件测试领域的一个重要分支,其历史可以追溯到软件开发的早期阶段。随着软件行业的快速发展和市场需求的日益增长,传统的手工测试方法已不足以满足项目对周期和质量的要求,自动化测试因此成为必然趋势。进入 21 世纪,自动化测试工具和框架开始大量涌现,提供了强大的功能和灵活的定制选项,使测试人员能够更容易实现自动化测试工作。例如,Selenium、Appium、JMeter 等工具在 Web、移动和性能测试领域得到了广泛应用。随着技术的不断进步和需求的不断变化,自动化测试将继续发挥重要作用,为软件行业的快速发展提供有力支持。

【学习目标】

- ◆ 了解自动化测试的基本概念;
- ◆ 掌握自动化测试的基本实施步骤;
- ◆ 掌握手工测试和自动化测试各自的优势和劣势;
- ◆ 掌握自动化测试的适用场景;
- ◆ 了解自动化测试应需具备的能力;
- ◆ 了解常用的自动化测试工具。

1.1 自动化测试的定义

自动化测试是指在预设条件下运行系统或应用程序,评估运行结果。自动化测试是把人手工操作的测试行为转化为机器执行的过程,从广义上讲,一切通过工具来代替或辅助手工测试的行为都可以看作自动化测试。

1.1.1 自动化测试分类与流程

1)自动化测试分类

按照软件质量特性划分,可分为功能性测试、性能效率测试、安全性测试、兼容性测试、可用性测试等;按照工程阶段划分,可分为单元测试、集成/接口测试、用户界面测试等。

单元测试是最小单位的测试活动,主要任务是验证一个单元(程序模块)是否正确地实现了规定的功能、逻辑是否正确、输入输出是否正确,寻找模块内部存在的各种错误。

集成/接口测试是进行模块集成时开展的测试,主要任务是发现单元之间接口可能存在的问题,验证各个模块组装之后是否满足软件设计文件要求。

用户界面测试的主要任务是核实用户和软件之间的交互,验证用户界面中的对象是否按照预期方式运行。

2)自动化测试实施的流程

实施自动化测试首先需要根据项目的具体特性选择合适的自动化测试工具并搭建测试环境。其次将手工测试用例转换为自动化测试用例。在此基础上,需要确认项目是否满足自动化测试的准入条件,一旦准入条件得到满足,接下来构建测试数据,执行自动化测试用例,并验证结果是否达到预期。测试完成后,生成详尽的自动化测试报告。最后为了提升测试效率和质量,持续对自动化测试脚本进行优化和改进。

1.1.2 自动化测试和手工测试的关系

自动化测试和手工测试是软件测试领域中两种互补的测试方法,每种方法都有其优势和局限性。结合使用自动化测试和手工测试可以充分利用两者的优势,优化测试资源,提高软件质量。在软件开发的不同阶段和不同类型的测试需求中,合理分配自动化测试和手工测试的比例是非常重要的。

1)手工测试和自动化测试的特点

手工测试通过人为的逻辑判断校验当前的步骤是否正确,具有较强的异常处理能力,同时手工测试用例的执行具有一定的步骤跳跃性,能够快速跟踪定位问题。

自动化测试通过在测试脚本中设定逻辑判断校验当前的步骤是否正确,测试脚本一次开发多次执行,同时自动化测试可以更充分地利用资源,减少测试资源闲置时间。

手工测试与自动化测试存在许多差异,见表1.1。因此,根据不同项目的需求,选择不同方式进行测试是十分必要的。

表1.1 手工测试与自动化测试对比关系表

比较点	手工测试	自动化测试
执行时间段	测试早期	测试中后期、回归测试
执行效率	较低	较高
执行代价	相对固定	取决于自动化的代价和执行频率
测试质量	取决于测试用例的质量和测试人员的素养	取决于测试用例的质量和自动化测试用例的质量
重复执行	每次执行都需要相应的执行代价,但是不同的人执行同一个用例,可能看出不同的问题	执行可以复用,但重复执行不能提高有效性

续表

比较点	手工测试	自动化测试
性能测试场景	对于大量用户的测试,不可能让足够多的测试人员同时进行测试,手工测试几乎不可能捕捉到	自动化测试可以模拟许多用户同时操作,达到测试的目的
局限性	许多与时序、死锁、资源冲突、多线程等有关的错误通过手工测试很难捕捉到	很多和界面相关的场景自动化测试很难检测出问题

2）自动化测试优劣势分析

相对于手工测试需要测试人员执行测试用例,自动化测试具有以下优势:
① 避免测试人员因重复劳动产生厌倦感;
② 提高测试效率;
③ 更好地利用无人值守时间,可充分利用时间和环境资源;
④ 可执行一些手工测试比较困难或做不到的测试,如用户并发测试、性能测试等;
⑤ 可将产品知识固化到脚本中,降低测试人员流动对项目造成的影响。

自动化测试相对手工测试具有很多优势,但也存在以下劣势:
① 从短期来看,系统开发时间不一定能缩短;
② 自动化测试不容易发现界面和布局问题;
③ 自动化测试可能会制约软件开发;
④ 自动化测试工具的逻辑是固定的,无法开展基于经验的测试活动,也不能完成探索性的测试。

1.2 自动化测试适用场景

正确评估哪些测试场景适合自动化测试,是确保自动化测试成功的关键。一般来说,适合自动化的测试场景包括频繁执行的测试、回归测试、需要大量数据输入的测试、性能测试等,而对于一些只执行一次或两次、需求变更频繁、涉及复杂用户交互的测试,更适合执行手工测试。

1.2.1 适合引入自动化测试的项目

1）需求稳定,不会频繁变更需求的项目

自动化测试更适用于需求相对稳定的软件项目。由于开发完成并调试通过的用例可能因为界面变化或者是业务流程变化而失效,而过高的需求变更频率会导致自动化测试用例的维护成本直线上升,自动化测试不适用于需求不稳定的项目。

2）研发和维护周期长,需要频繁执行回归测试的项目

短期的一次性项目,从投入产出比的角度来看并不建议实施自动化,因为千辛万苦开发完成

的自动化用例可能执行一两次项目就结束了。中长期项目应对比较稳定的软件功能进行自动化测试,对变动较大或者需求暂时不明确的功能进行手工测试,最终目标是用20%的精力去覆盖80%的回归测试。

3)需要在多种平台上重复运行相同测试的项目

用户界面测试,同样的测试用例需要在多种不同的浏览器上执行;移动端应用测试,同样的测试用例需要在多个不同的Android或者iOS版本上执行;企业级软件,不同的客户有不同的定制版本,各个定制版本的主体功能绝大多数是一致的,这些项目使用自动化脚本进行测试时,能够减少大量的重复性测试工作。

4)某些无法通过手工测试实现或者手工成本太高的测试项目

对于所有的性能和压力测试,手工方式难以实现,因此必须借助自动化测试技术,用机器模拟大量用户的反复操作。

1.2.2 不适合引入自动化测试的项目

1)一次性的定制型项目

为客户定制的项目,维护期由客户方承担的,采用的开发语言、运行环境可能也是客户特别要求的,这样的项目不适合自动化测试。

2)测试周期很短的项目

测试周期很短的项目,不值得花精力去投资自动化测试,好不容易建立起的测试脚本不能得到重复利用是不划算的。

3)业务规则复杂的项目

业务规则复杂的项目,就很难覆盖所有测试场景或覆盖代价过大,不适合引入自动化测试。

4)声音、易用性的测试项目

声音体验、易用性测试,目前只能依赖于手工测试。

5)很少运行的测试项目

很少运行的项目进行自动化测试是一种浪费,自动化测试就是让它不厌其烦地、反反复复地运行才有效率。

6)软件不稳定的项目

软件不稳定会由这些不稳定因素导致自动化测试失败,只有当软件达到相对稳定,没有严重错误和中断错误时才能开始自动化测试。

7)涉及物理交互的项目

工具很难完成与物理设备的交互,如刷卡测试等。

1.3 自动化测试的引入时机

自动化测试之所以能在很多大公司实施,就是因为它适合自动化测试的特点和高的投资回报率。清晰合理地判断哪些测试可以采用自动化是提高测试效率和质量的关键。

1)产品型项目

产品型的项目,每个项目只改进少量的功能,但每个项目必须反反复复地测试那些没有改动过的功能。这部分测试完全可以让自动化测试来承担,同时可以把新加入的功能测试也慢慢地加入自动化测试中。

2)增量式开发、持续集成项目

由于这种开发模式是频繁地发布新版本进行的测试,也就需要频繁的自动化测试,以便把人从中解脱出来测试新的功能。

3)能自动编译、自动发布的系统

要能完全实现自动化测试,就必须具有能自动化编译,自动化发布系统进行测试的功能。当然不能达到这个要求的,也可以在手工干预的情况下进行自动化测试。

4)回归测试

回归测试是自动化测试的强项,它能很好地验证你是否引入了新的缺陷,老的缺陷是否已经修改。在某种程度上,可以把自动化测试工具叫作回归测试工具。

5)多次重复、机械性动作,将烦琐的任务转化为自动化测试

自动化测试最适用于多次重复、机械性动作,这样的测试对它来说从不会失败。例如,要向系统输入大量的相似数据来测试压力和报表。

1.4 做好自动化测试需要具备的能力

要做好自动化测试,需要具备一系列的能力和技能,通常包括:

1)编码开发能力

需要掌握一门开发语言,如 Java、Python、Ruby、C# 等。还需对被测系统足够熟悉,比如要测试 Web 系统,就需了解 JavaScript、CSS、HTML、XPath 等相关知识。如果要测试移动端系统,就需具备 Android 和 iOS 开发基础。如果要测试 C/S 系统,就需熟悉 TCP、IP 等协议。

2)掌握一套自动化测试框架或工具

掌握测试框架或工具,学习理解自动化测试框架本身的设计思路以及解决问题的方法是做好自动化测试的基本要求。

3）善于学习，达到知其然必知其所以然

在 IT 行业，技术的更新换代速度极快，新兴技术和趋势层出不穷。例如，QTP 和 Selenium 曾是测试工程师的得力工具，而如今的 Appium 则成了新宠。作为软件行业的从业者，要不断接受新鲜事物，提高自己的学习能力。积极学习新技术，才能跟上时代进步的步伐。

4）逻辑思维能力

自动化测试最终希望建立一个框架或平台，除了良好的编码开发能力，还要有较强的逻辑思维能力和设计能力，这就好比你会焊接技术但不代表你会设计汽车，自动化测试真正的难点在于设计思想，只有具备了总体框架设计的思维能力，才能利用所学的语言去更好地实现自动化测试。

1.5 自动化测试工具

下面以表格的形式介绍常用的自动化测试工具，见表 1.2。

表 1.2 常用自动化测试工具表

工具/框架名称	介绍/特点	使用自动化测试类型
unittest	unittest 单元测试框架与其他语言中的主流单元测试框架有着相似的风格。支持测试自动化，配置共享和代码测试。支持将测试样例聚合到测试集中，并将测试与报告框架独立	代码级自动化测试
pytest	pytest 是一个强大而灵活的 Python 测试框架，它提供了许多先进的功能，使得测试过程更加简洁、易读	代码级自动化测试
JMeter	JMeter 是 Apache 软件基金会开发的基于 Java 的一款开源压力测试工具，主要用于对 Web 应用程序进行性能和负载测试，同时也能对多种服务进行测试，包括 HTTP、HTTPS、FTP、数据库通过 JDBC、REST/SOAP Web 服务、MQTT、邮件服务器等。优点在于体积小、功能全、使用方便，是一个轻量级的测试工具	接口级自动化测试
Postman	Postman 是一个流行的应用程序编程接口开发工具，它使得创建、共享、测试和文档化 API 变得更加简单。Postman 提供了一个用户友好的界面来发送请求、接收响应、检查数据和对 API 进行各种测试。常用于网页调试与 HTTP 请求的接口测试，能够发送任何类型的 HTTP 请求	接口级自动化测试
Robot Framework	Robot Framework 是用于验收测试和验收测试驱动开发（ATDD）的自动化测试框架。它是用 Python 编写的，但也可在 Jython（Java 平台上的 Python）和 IronPython（.NET 平台上的 Python）上运行	通用型自动化测试
TestNG	TestNG 是一个 Java 自动化测试框架，受 JUnit 和 NUnit 的启发，改进和新增了一些功能。旨在涵盖所有自动化测试类别，如单元测试、功能测试、端到端测试、集成测试等	接口级自动化测试 代码级自动化测试

续表

工具/框架名称	介绍/特点	使用自动化测试类型
Selenium	Selenium是一个用于Web应用程序自动化测试的工具。通过Selenium可以直接操作浏览器，允许使用者编写代码来模拟用户在浏览器中的各种操作	UI级自动化测试

课后习题

阅读以下材料，回答问题。

> 你就职于某软件公司，职位是软件测试工程师，主要负责对公司软件产品进行测试。你就职的公司主营业务方向为智慧教育，公司有一整套智慧课堂解决方案，我们称为××教学云平台，用于向学校提供智慧课堂服务，该产品已趋于成熟，并形成了标准的业务流程，针对不同学校，会做部分业务调整。同时公司还承接各个学校工具类软件定制开发，这些项目周期短、利润低，需快速回笼资金。现在公司决定引入自动化测试技术减少测试工作量，提高测试效率，提升软件质量，向全公司发起意见征集，你得知此事后，决定通过回答以下问题向公司提出建议。

（1）请列举上面案例中提到的软件产品。
（2）公司哪些产品适合引入自动化测试，哪些产品不适合引入自动化测试，为什么？
（3）自动化测试开展的一般步骤是什么？
（4）介绍你了解的自动化测试工具。

第 2 章 Python 语言基础

Python 是一种易于学习且功能强大的脚本语言,它融合了解释性、互动性和面向对象的特性。对于初学者来说,简单易学,简短的几行代码就能实现非常复杂的功能。此外,Python 拥有一个广泛而强大的标准库和大量的第三方库,这使得它在各个领域都有着广泛的应用。

【学习目标】

- ◆ 掌握 Python 环境的安装与搭建;
- ◆ 掌握 Python 基础语法;
- ◆ 掌握 Python 编写流程控制语法;
- ◆ 掌握 Python 常见文件操作方法。

2.1 Python 开发环境安装

2.1.1 安装 Python

访问 Python 官网,下载相应版本,如图 2.1 所示。

Looking for a specific release?
Python releases by version number:

Release version	Release date		Click for more
Python 3.12.1	Dec. 8, 2023	Download	Release Notes
Python 3.11.7	Dec. 4, 2023	Download	Release Notes
Python 3.12.0	Oct. 2, 2023	Download	Release Notes
Python 3.11.6	Oct. 2, 2023	Download	Release Notes

图 2.1 Python 版本列表

进入 Python 官网后,点击下载菜单,进入下载界面,直接点击"下载 Python 3.12.1"按钮,选择并下载适用于 Windows 64 位操作系统的安装包。

双击安装包,打开安装界面,安装时勾选"Add python.exe to PATH"选项,其他选项使用默认配置进行安装,如图 2.2 所示。

图 2.2　Python 安装

安装完成后需要检测是否安装成功,同时按下"Win+R"键,出现运行窗口,输入"cmd"后回车。启动命令行窗口,再在当前的命令提示符后输入"python",并按回车键。如果出现如下所示的已编译出的信息,则说明 Python 安装成功。

```
Python 3.12.1 ……
Type "help", "copyright", "credits" or "license" for more information.
```

2.1.2　安装 PyCharm

访问 PyCharm 官网,下载 PyCharm 社区版,如图 2.3 所示。

图 2.3　下载 PyCharm

双击安装包,打开安装界面,使用默认配置进行安装,如图 2.4 所示。

图 2.4　安装 PyCharm

2.2 Python 程序结构

2.2.1 代码结构

Python 的设计哲学:优雅、明确、简单。在这种设计指导下,Python 的代码结构具有以下优点:代码量少、编程效率高、简单、易读、易懂。

(1)代码块与缩进

Python 程序由代码块组成,例如,分支结构、循环结构、with 语句、函数、类等结构都属于代码块。代码块中必须有相应的缩进来表示代码逻辑的从属关系。具有相同缩进的代码被视为一个代码块,在 Python 中,同级代码缩进空格数量必须一致,建议采用 4 个空格表示一个缩进。

```
>>> print("Hello Automated Testing!")
>>>  print("缩进不一致")  # 此处运行报错
```

(2)注释

注释是用来解释代码的含义,提高代码可读性的一种语法结构。Python 有两种形式的注释,即单行注释(行注释)和多行注释(块注释)。

在 Python 中使用 "#" 表示单行注释,单行注释可作为单独的一行放在被注释的代码行之前,也可放在语句或表达式之后。

Python 也为我们提供了多行注释语法,在 Python 中使用 3 个单引号或 3 个双引号表示多行注释。

```
# 单行注释
number = 1     # 行内注释
'''
多行注释,单引号形式
多行注释,单引号形式
'''
"""
多行注释,双引号形式
多行注释,双引号形式
"""
```

(3)标识符

标识符是由编码人员设定的名字,用于标识变量、函数、类、模块或其他对象的名称。标识符命名需满足以下规则:

①标识符的首字符必须是字母(大写 A～Z、小写 a～z)或下画线"_"。

②标识符的其他部分由字母、数字和下画线组成。
③标识符对大小写敏感。
④标识符不能与 Python 关键字具有相同的名称。
（4）关键字

关键字是由系统定义的用来表达特定语义的词语，不允许通过任何方式改变它们的含义，也不能用来做变量名、函数名或类名等标识符。如果想知道 Python 有哪些关键字，可以执行以下代码查看。

```
>>> import keyword
>>> print(keyword.kwlist)
```

运行结果：

```
['False', 'None', 'True', 'and', 'as', 'assert', 'async', 'await', 'break',
'class', 'continue', 'def', 'del', 'elif', 'else', 'except', 'finally',
'for', 'from', 'global', 'if', 'import', 'in', 'is', 'lambda', 'nonlocal',
'not', 'or', 'pass', 'raise', 'return', 'try', 'while', 'with', 'yield']
```

2.2.2 数据类型

1）数字类型

Python 中的数字类型有 int 和 float 两种。整数在 Python 中用 int 表示，小数在 Python 中被称作浮点数，使用 float 表示。Python 中的数字可以用数学写法表示，如 1.23、3.14、-8.88 等；也可以用科学计数法表示，如 $1.234*10^9$ 表示为 1.234e9，0.000012 可以写成 1.2e-5 等。

通过内置函数 bin、oct、hex 可以把整数数值转换为二进制、八进制、十六进制表示，通过内置函数 int（）可以把字符串转换为整数数值，通过内置函数 float（）可以把整数或字符串整数转换为浮点数。

```
>>> # "_" 用法：
>>> 10000000000  # 整数：十进制
10000000000
>>> 0b11  # 整数：二进制
3
>>> 0o173  # 整数：八进制
123
>>> 0xa5b4c3d2  # 整数：十六进制
2780087250
>>> 1234.5  # 浮点数：float
1234.5    >>> 3.14  # 常规数学表示法
```

```
3.14  >>>1.234e9 # 科学计数法
1234000000.0  >>>1.2e-5
1.2e-05
```

2)序列类型

在 Python 中使用序列类型存放由多个数据项构成的数据集。常用的序列类型有列表、元组、字典和集合。其中,列表和元组是元素有序的数据集,字典和集合是元素无序的数据集。

列表是一种序列类型,它允许把任意类型的 Python 数据组合到一起,数据成员之间用逗号分隔,放置在一对中括号"[]"里。列表中元素有序,可以通过索引访问列表中的元素;列表中的元素可以增加、修改和删除。列表的基本操作及列表对象的常用方法,见表2.1。

表2.1 列表的基本操作及列表对象的常用方法

示例	说明
[1, 2, 3].append（4）	在列表末尾添加一个元素
[1, 2, 3].extend（"good"）	把可迭代对象的元素追加到当前列表后
[1, 2, 3].remove（3）	删除第一个匹配的元素,若没有则报错
[1, 2, 3, 3].count（3）	统计元素3出现的次数
[1, 2, 3].clear（）	将列表对象清空
[1, 2, 3].reverse（）	将列表倒序
list（'123'）	将字符串序列123转换为列表
len（[1, 2, 3]）	获取列表中的元素个数
del（1[0]）	删除列表中的第一个元素

```
>>>['good', 'study', 100,['Python', 'Java', 'PHP']] # 创建列表方式1
['good', 'study', 100,['Python', 'Java', 'PHP']]
>>>list（'python'）# 创建列表方式2
['p', 'y', 't', 'h', 'o', 'n']
>>>a = list（'good'）# 通过索引访问列表元素
>>>a[0]
'g'
```

元组和列表相似,也是一种序列类型,相比于列表,元组一旦创建,就不能对元组中的元素进行增加、更改和删除。元组中的元素放置在一对小括号"（）"中,元素之间以逗号分隔。

字典是一种无序的可变序列,字典中的元素包括键和值两个部分。键和值用冒号分隔,表示一种映射或对应关系。不同的元素之间用逗号分隔,所有的元素放置在一对大括号"{}"中。字典的基本操作及字典对象的常用方法,见表2.2。

表 2.2 字典的基本操作及字典对象的常用方法

示例	说明
len（{'Python': 90, 'Java': 80}）	获取字典中的元素个数
'Python' in {'Python': 90, 'Java': 80}	判断键 "Python" 是否在字典中
{'Python': 90, 'Java': 80}['php'] = 60	添加新的元素 "php"
{'Python': 90, 'Java': 80}.clear（）	清除字典内所有的元素
{'Python': 90, 'Java': 80}.keys（）	返回以键名构成的列表
{'Python': 90, 'Java': 80}.values（）	返回字典中的值构成的列表
{'Python': 90, 'Java': 80}.items（）	返回(键,值)对列表

集合是一种无序的可变序列,集合中的元素放置在一对大括号 "{}" 中,各元素之间用逗号分隔,集合内的每一个元素都是唯一的,不允许重复,由于集合是无序的,因此不能通过下标访问集合中的数据。

3）字符串

字符串是一种完全由字符构成的序列结构。序列是 Python 中的一种基本数据结构,将在后续章节中进行详细介绍。字符串是一种特殊的序列结构,支持 Python 序列的一切基础操作,如创建、索引、切片、连接等。

Python 中使用单引号、双引号、三单引号、三双引号作为定界符来表示字符串,并且不同的定界符之间可以互相嵌套。字符串常用的操作及字符串对象常用方法,见表 2.3。

```
>>> 'Hello World!' #使用单引号创建字符串
'Hello World!'
>>> "Good Job" #使用双引号创建字符串
'Good Job'
>>> '''
 Tom
 Jerry
 LiLi
 ''' #使用三单引号创建字符串
'\nTom\nJerry\nLiLi\n'
>>> 'Jerry said: "good game!"' #引号嵌套
'Jerry said: "good game!"'
```

表 2.3　字符串常用的操作及字符串对象常用方法

示例	作用
len('Hello')	获取字符串长度
'good' + 'study'	连接两个字符串
'o' in 'good'	判断指定字符"o"是否在字符串"good"中
'good'.count('o',0,2)	返回指定的字符在字符串 [0,2] 范围内出现的次数
'good'.find('o',2,3)	返回指定的字符串在字符串 [2, 3] 范围内找到的最小索引,找不到返回 −1
'good'.index('o',2,3)	返回指定的字符串在字符串 [2, 3] 范围内找到的最小索引,找不到则报错
'@'.join(['123', 'qq.com'])	把可迭代对象的元素采用指定的字符串连接起来
'123@qq.com'.split('@')	将字符串按照指定的分隔符"@"切割成多个子串构成的列表
"**test**".strip('*')	移除字符串前后指定的字符"*",如果不指定,则默认移除所有空白符

4）布尔类型

布尔值用于判定条件是否成立,其取值为 True 和 False。注意这两个取值的首字母均大写,True 表示条件成立,False 表示条件不成立。Python 内置函数 bool() 可以用于将任何其他类型的值转为布尔值,如()、[]、{}、""、0 和 None 会被转换为 False,其他非空值则被转换为 True。

2.2.3　常量、变量及其运算

1）常量和变量

常量是不能改变的量,例如,数学常数 PI 就是一个常量。在 Python 中,通常用全部大写的标识符来表示常量,如 PI＝3.1415926。需要注意的是,Python 没有任何机制保证 PI 不会被修改。用全部大写的标识符表示常量只是一个习惯上的用法。实际上,PI 的值仍然可以被修改。

变量是可以改变数据值的量,Python 支持运行时动态绑定变量类型,不需先声明变量类型。

```
>>> x = 100 # 整型变量
>>> y = x # 赋值操作,变量 y 关联到变量 x 关联的对象上
```

2）Python 运算符

（1）赋值运算符

赋值运算符用来把右侧的值传递给左侧的变量,传值时可以直接将右侧的值交给左侧的变量,也可以进行某些运算后再交给左侧的变量,如加减乘除、函数调用、逻辑运算等。最基本的赋值运算符是等号"＝",结合其他运算符,"＝"还能扩展出更强大的赋值运算符,见表 2.4。

表 2.4　Python 赋值运算符

运算符	说明	用法举例	等价形式
=	赋值运算	x = y	x = y
+=	加赋值	x += y	x = x + y
-=	减赋值	x -= y	x = x - y

（2）算术运算符

算术运算符也称为数学运算符，用来对数字进行数学运算，见表 2.5。

表 2.5　Python 算术运算符

运算符	说明	实例	结果
+	加	12 + 15	27
-	减	2 - 1	1
*	乘	5 * 3	15
/	除法	7 / 2	3.5
//	整除	7 // 2	3
%	取余	7 % 2	1
**	幂运算	2 ** 4	16，即 2^4

（3）比较运算符

比较运算符也称为关系运算符，用于对常量、变量或表达式的结果进行大小比较。如果这种比较是成立的，则返回 True；反之，则返回 False，见表 2.6。

表 2.6　Python 比较运算符

运算符	说明	实例	结果
>	大于	1 > 2	False
<	小于	1 < 2	True
==	等于	1 == 1	True
>=	大于等于	1 >= 1	True
<=	小于等于	1 <= 1	True
!=	不等于	1 != 1	False

（4）逻辑运算符

逻辑运算符用于处理逻辑运算，将多个判定条件进行连接并作出最终判定，逻辑运算符的运算规则，见表 2.7。

表 2.7　Python 逻辑运算符

运算符	含义	基本格式	说明
and	逻辑与	a and b	当 a 和 b 两个表达式都为真时，a and b 的结果为真，否则为假
or	逻辑或	a or b	当 a 和 b 两个表达式都为假时，a or b 的结果为假，否则为真
not	逻辑非	not a	如果 a 为真，那么 not a 的结果为假；如果 a 为假，那么 not a 的结果为真。相当于对 a 取反

3）输入和输出

（1）格式化输出

print（ ）是 Python 的基本输出函数，用于把数据以指定的格式输出到标准控制台或指定的文件对象中去，语法格式如下：

```
print(value1, value2, …, sep=' ', end='\n')
```

①sep：分隔符，默认为空格，可选。

②end：结束符，默认为换行 "\n"，可选。

```
>>> # 定义两个变量
>>> a = 'Python'
>>> b = 'java'
>>> # 分隔符,默认为空格
>>> print(a, b)
Python java
>>> # 分隔符,指定分隔符为 ","
>>> print(a, b, sep=',')
Python,java
```

（2）读取键盘输入

input（ ）是 Python 的基本输入函数，用来接收用户的键盘输入。不论用户输入什么内容，input（ ）一律将其视为字符串对待，必要时可以使用内置函数 int（ ）、float（ ）、bool（ ）或 eval（ ）对用户的输入进行类型转换。

```
>>> a = input("Enter a name: ") # 使用 input 输入
Enter a name: Jerry
>>> # 使用 input 输入整数并转换为整数类型
>>> b = int(input("Enter a number: "))
Enter a number: 100
```

2.3 Python 流程控制

2.3.1 分支结构

1）条件表达式

条件表达式的值只有两个：一个为 True，另一个为 False。分支结构根据这两个值来决定是否执行语句，如果为 True 则执行，为 False 则不执行。在 Python 中，所有的值都可以被当作 bool 值，不需要对它们进行显式转换。例如，整数 1 为 True、整数 0 为 False、空字符串为 False 等，见表 2.8。

表 2.8 判断表达式布尔值的标准

布尔值	表达式
False	False、None、所有类型的数字 0、空字符串、空（元组、列表、字典、集合）等
True	True、非 0 数字、非空字符串、非空（元组、列表、字典、集合）等

2）if 分支结构

①单分支结构即最简单的 if 语句，语法如下：

```
age = 3
if age == 3:
    print('要上幼儿园了')
```

②双分支选择结构即 if-else 语句，语法如下：

```
user = 'admin'
pwd = '123456'
if user == 'admin' and pwd == '123456':
    print('用户登录成功')
else:
    print('用户名或密码错误')
```

③多分支选择结构即 if-elif-else 语句，语法如下：

```
score = 90
if score<0 or score>100:
    print("输入的成绩不合法")
elif score>=90:
    print("优秀")
elif score>=80:
```

```
    print("良好")
elif score>=70:
    print("中")
elif score>=60:
    print("及格")
else:
    print("不及格")
```

2.3.2 循环结构

1）while 循环

while 循环是一个条件循环语句,当条件满足时重复执行代码块,直到条件不满足为止。在 while 循环中,首先判断条件表达式是否成立,如果为 True,则执行 while 循环中的代码块;其次重新判断条件表达式是否成立,每一次执行完代码块都会重新判断条件表达式,直到条件表达式不成立,结束循环,语法如下:

```
count = 8
while count > 4:
    print(count)
    count = count - 1
```

2）for 循环

for 循环用于遍历序列中的元素,如字符串、元组、列表等,或者其他可迭代的对象。它按照元素在可迭代对象中的顺序一一迭代,并在处理完所有元素后自动结束循环。每一次循环,临时变量都会被赋值为可迭代对象的当前元素,提供给执行的代码块中去使用,语法如下:

```
for i in range(3):
    print(i)
```

3）break、continue 和 pass 语句

循环语句一般会在执行完所有情况后自动结束,但是在某些情况下,需要停止当前正在执行的循环,也就是跳出循环。Python 支持使用 break 语句跳出整个循环,使用 continue 语句跳出本次循环。

break 语句用于跳出离它最近一级的循环,能够用于 for 循环和 while 循环中,语法如下:

```
text = "Hello."
for name in text:
    if name == ".":
        break
```

```
print(name)
```

continue 语句用于跳出当前循环,继续执行下一次循环。当执行到 continue 语句时,程序会忽略当前循环中剩余的代码,重新开始执行下一次循环,语法如下:

```
s = "我爱北京天安门"
for text in s:
  if text != '北' and text != '京':
    continue
  print(text)
```

pass 语句表示不做任何事情,用于语法上必须有,但程序上什么也不做的场合,语法如下:

```
for s in "要上幼儿园了":
  pass
```

2.3.3 函数结构

在实际开发中,开发人员通常会将反复执行的代码封装为一个函数,然后在需要执行的这段代码功能的地方调用封装好的函数,这样做不仅可以提高代码的复用性,降低代码冗余,使程序结构更加清晰,还能保证代码的一致性。

1) 函数定义

在 Python 中,使用关键字 def 定义函数。其语法格式如下:

```
def 函数名([参数列表]):
  [''' 注释 ''']
  [函数体]
  [return 语句]
```

参数说明:

①函数名:用于标识函数的名称,遵循标识符的命名规则。

②注释:用于说明此函数的作用,注释不是必须要写的。

③函数体:实现函数功能的具体代码,若暂时还没有想好该功能如何实现,可以先放一个 pass 语句占位。

④return 语句:用于将函数的处理结果返回给调用者,若函数没有返回值,则 return 语句可以省略。

下列代码展示了定义函数的基本语法结构。

```
def children():
  """ 打印 children 信息 """
  print("我要去上幼儿园了")
```

2)函数调用

在 Python 中,无论是内置函数,还是用户自己编写的函数,其定义和调用方式都是一样的。其语法格式如下:

```
函数名([参数列表])
```

该函数调用只需要键入函数名,后面跟一对小括号"()",在小括号中输入相应的参数列表即可完成函数调用。语法如下:

```
children()
```

3)函数参数

函数参数的传递,实际上就是将实际数据值传递给函数参数的过程。根据不同的传递形式,函数参数可分为位置参数和关键字参数。

使用位置参数调用函数时,需传递的实际数据和函数定义的参数序列顺序必须严格一致且数量必须相同,编译器将函数的实际数据按照顺序依次传递给参数序列。语法如下:

```
def div(num1, num2):
    """返回 num1 / num2 的结果"""
    return num1 / num2

r = div(16, 2)
print(r)
```

关键字参数在函数调用时,实际数据可以明确指定传递给哪个参数,参数传递顺序可以和参数定义顺序不一致。语法如下:

```
def personinfo(name, age, sex):
    """显示个人信息:姓名,年龄,性别"""
    print("姓名:", name)
    print("年龄:", age)
    print("性别:", sex)
personinfo(sex="男", age=3, name="小金")
```

4)函数返回语句

在 Python 中,用 return 语句结束函数执行并返回值。return 语句可以放在函数内的任意位置,返回值可以是零个或多个任意类型对象。如果使用 return 返回多个值,那么这些值会聚集起来并以元组类型返回;如果没有 return 语句或者 return 语句没有返回值,那么函数执行完后则返回 None。语法如下:

```
# 返回值只有一个
```

```
def func(a):
    return a
r = func(1)
print(r)
type(r)
# 返回值有多个
def func(a, b):
    return a, b
r = func(1, 2)
print(r)
type(r)
```

5）匿名函数

匿名函数是没有名字的函数，它的函数体只能是单个表达式。在 Python 中，使用关键字 lambda 定义匿名函数，其语法格式如下：

```
lambda [arg1, arg2,...] : expression
```

参数说明：

① [arg1, arg2,…]：表示匿名函数的参数。

②Expression：是一个表达式。

匿名函数常用在临时需要一个类似于函数的功能但又不想定义函数的场合。例如，Python 列表中的 sort（）函数的 key 参数。语法如下：

```
# 定义匿名函数,并起个名字
f = lambda a, b: a + b
print(f(1, 1))
l = ["北京天安门", "我爱"]
# 使用 lambda 表达式指定排序规则
# reverse=False 升序
l.sort(key=lambda x: len(x), reverse=False)
print(l)
```

2.3.4 面向对象编程

Python 通过定义类描述多个对象的共同特征，通过实例化对象描述现实中实际参与业务的个体，从而简化复杂程序逻辑。

1）类的定义

类的定义。其语法格式如下：

```
class 类名:    # 使用 class 关键字定义类
    类体
```

下列是一个定义类的案例:

```
# 使用 class 语句来创建一个新类, class 之后为类的名称并以冒号结尾
class Person:
    """Person 类"""  # 类的描述信息,可以通过类名._doc_查看
    count = 0  # 类变量,其值将在这个类的所有实例之间共享

    # _init_( )方法是一种特殊的方法,被称为类的构造函数或初始化方法
    # 当创建了这个类的实例时就会调用该方法
    def _init_(self, name, age):
        # self 引用对象自身,可以使用 self 访问对象自身的属性和方法
        self.name = name  # 实例变量
        self.age = age    # 实例变量
        Person.count += 1

    # 定义类方法
    # 类方法与普通函数有一个区别:它必须有一个额外的 self 参数用于引用对象自身
    def sing(self):
        print("我爱北京天安门")
    def info(self):
        print("姓名:" + self.name + ";年龄:" + str(self.age))
    def _str_(self):
        return "姓名:" + self.name + ";年龄:" + str(self.age)
    def peopleCount(self):
        return Person.count
print(Person._doc_)
```

执行结果:

```
Person 类
```

2) 类的实例化

类定义完毕后,需要实例化类,也就是要创建对象才能使用。类相当于模板,而对象则相当于按照模板制造出来的真实物体。其语法格式如下:

```
对象名 = 类名(参数列表)
```

Python 创建对象的方式与其他开发语言不同,不需要使用 new 关键字,直接使用类名加括号即可创建,实例化 Person 类对象。语法如下:

```
>>> # 创建 Person 类的第一个对象
>>> # 自动调用 _init_ ( ) 方法,进行初始化赋值
>>> p1 = Person ( " 张三 ", 18)
>>> # 创建 Person 类的第二个对象
>>> p2 = Person ( " 李四 ", 21)
>>> p1.info ( ) # 调用 info ( ) 方法输出信息
>>> print (p2) # 自动调用 _str_ ( ) 方法输出信息
>>> p1.sing ( ) # 调用 sing ( ) 方法
>>> print ( " 人数:" + str (p1.peopleCount ( ))) # 调用 peopleCount ( ) 方法

执行结果:
姓名:张三 ; 年龄:18
姓名:李四 ; 年龄:21
我爱北京天安门
人数:2
```

实例化对象时会自动调用"_init_"方法,对实例变量进行初始化赋值。

对象实例化完成后,可以使用"."引用对象的属性和方法。实例属性的操作示例如下:

```
>>> p1.phone = "1785552222" # 给对象 p1 添加属性 phone 并设置值
>>> p1.age = 16 # 修改对象 p1 属性 age 的值
>>> print (p1.phone)
>>> print (p1.age)

执行结果:
1785552222
16
1785552222
```

使用 del 关键字可以删除对象属性。删除属性示例如下:

```
>>> del p1.phone
>>> print (p1.phone)
执行结果:
AttributeError: 'Person' object has no attribute 'phone'
```

2.4 文件操作

2.4.1 文件基本操作

文件是长久保存信息并允许重复使用和反复修改的重要方式,同时也是信息交换的重要途径。文件根据数据的组织形式不同,可分为文本文件和二进制文件。

1)打开文件

在 Python 中,使用内置函数 open( )打开文件,并返回文件对象,如果打开失败,则会抛出 OSError 异常。其语法格式如下:

```
open(file,mode='r',encoding=None,errors=None,newline=None)
```

参数说明:

①file:文件路径,可以使用相对路径或绝对路径,必选参数。

②mode:指定打开文件的模式,默认值为"r",可选参数。

③encoding:指定对文本进行编码和解码的方式,只适用于文本文件。默认值为 None 表示使用当前操作系统的默认编码,也可指定编码,如 GBK、utf-8 等。

```
# 以只读加文本模式打开文件
fp = open(file="test.txt",mode="rt")
>>> print(type(fp))

# 以只读加二进制模式打开文件
fp = open(file="test.txt",mode="rb")
>>> print(type(fp))
```

执行结果:
```
<class '_io.TextIOWrapper'>
<class '_io.BufferedReader'>
```

2)关闭文件

与打开文件对应的操作就是关闭文件,关闭文件把缓冲区内部还没有写入文件的数据写入文件,然后关闭文件,关闭文件后不允许再进行读写操作。语法如下:

```
fp = open(file="test.txt",mode="rt")
fp.close()
print(fp.closed)
```

执行结果:
```
True
```

3）读取文件

在当前目录下创建一个多行文本文件 "test.txt"，如图 2.5 所示。

```
1    第一行
2    第二行
3    第三行
4
```

图 2.5　test.txt 内容

针对给定的文件，做如下读操作：

```
# 在 Python 中，utf-8 编码一个中文字符占 3 个字节
>>> fp = open(file="test.txt", mode="rt+", encoding="utf-8")
>>> print(fp.read(1))  # 读取一个字符并返回
结果：第
>>> print(fp.tell())  # 返回当前文件指针位置
结果：3
>>> print(fp.read(1))  # 从当前文件指针位置开始读取下一个字符并返回
结果：一
>>> fp.seek(0)  # 设置文件指针回到开始位置
结果：0
>>> print(fp.tell())  # 返回当前文件指针位置
结果：0
>>> print(repr(fp.read()))  # 读取所有字符，注意返回的结果是带换行符的
结果：'第一行\n第二行\n第三行\n'
>>> print(fp.tell())  # 返回当前文件指针位置（9 个中文字符 + 3 个换行符 + 1 个结束符）
结果：30
>>> fp.seek(0)  # 设置文件指针回到开始位置
结果：0
>>> print(repr(fp.readline()))  # 读取一整行内容，包括换行符
结果：'第一行\n'
>>> fp.seek(0)  # 设置文件指针回到开始位置
结果：0
>>> print(fp.readlines())  # 以列表形式返回所有行
结果：['第一行\n', '第二行\n', '第三行\n']
>>> fp.seek(0)  # 设置文件指针回到开始位置
结果：0
>>> fp.truncate(3)  # 从第三个字符后面的所有字符被删除（截断）
结果：
>>> fp.close()  # 关闭文件对象
```

4）写入文件

在当前目录下创建一个文本文件"test.txt"，针对给定的文件，做如下写操作：

```
>>> fp = open（file="test.txt", mode="rt+", encoding="utf-8"）
>>> fp.seek（6）#设置文件指针到第 7 个字节的位置
>>> print（fp.write（"World!"））#写入文本,返回写入的字符数
结果:6
>>> fp.close（）
```

5）with 语句

在实际开发中，读写文件的操作应优先考虑用上下文管理语句 with，with 语句可以自动管理资源。其语法格式如下：

```
with open（）as 对象名：
  with 语句体
```

在当前文件夹中创建文本文件"test.txt"，如图 2.6 所示。

图 2.6　test.txt 内容

使用 with 语句读取文件代码示例：

```
with open（file="test.txt", mode="rt", encoding="utf-8"）as fp:
  i = 0 # 计数器
  # 遍历文档对象,每一次读取一行
  print（"第一次打印"）
  for res in fp:
    print（res, end=""）
    i += 1
    if i == 2:
      break


  print（"第二次打印"）
  for res in fp:
    print（res, end=""）
```

执行结果：
第一次打印
Apple

```
Apricot
第二次打印
Cherry
Mango
Peach
```

从执行结果可以看出,通过 for 循环迭代,第一次迭代打印了前两行的内容,第二次迭代打印了后三行的内容。由此可见,通过 for 循环迭代文件对象,它是有记忆功能的,第二次迭代并不会回到初始位置。如果想要每次迭代都回到初始位置,那么可以先将文件对象转化为列表,即调用文件对象的 readlines( )方法。

使用 read( )、write( )函数在当前目录下模拟简单的文件拷贝。

```
filename = "test.txt"
with open(file=filename, mode="rb")as fp:
  flag = filename.rfind('.') # 获取文件后缀起始位置
  # 拼接新文件名
  file_flag = filename[flag:]
  copy_filename = filename[:flag] + '[backup]' + file_flag
  with open(file=copy_filename, mode="wb")as newfile:
    newfile.write(fp.read())

执行结果:test.txt、test[backup].txt 都在当前目录下
```

文本文件 "test.txt" 如图 2.7 所示,将每一行的数字按升序重新排序。

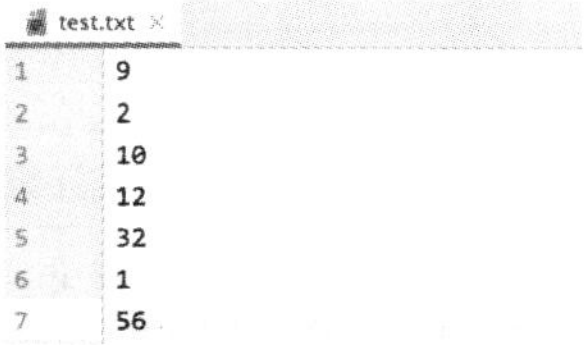

1	9
2	2
3	10
4	12
5	32
6	1
7	56

图 2.7　test.txt 内容

代码示例:

```
with open(file="test.txt", mode="rt")as fp:
  # 列表推导式,将列表中的数字字符串转换为数字类型
  ilist = [int(item)for item in fp.readlines()]
  ilist.sort(reverse=False) # 升序排序
  # 将列表中的数字转换为字符串
  slist = [str(item) + '\n' for item in ilist]
  with open(file="test.txt", mode="wt")as lp:
    lp.writelines(slist)
```

2.4.2 文件与文件夹操作

本小节将介绍文件的相关操作,如复制文件、删除文件、修改文件权限等。Python 标准库 os、os.path、shutil 中提供了大量用于文件和文件夹操作的函数。

1) os 模块

os 模块中常用文件操作方法,见表 2.9。

表 2.9　os 模块中常用文件操作方法

函数	描述
os.chdir(path)	用于改变当前工作目录到指定的路径
os.getcwd()	返回当前工作目录
os.listdir(path)	返回 path 指定的文件夹包含的文件或文件夹的名字的列表
os.makedirs(path[, mode], exist_ok=False)	根据 path 创建指定的多级目录,如果目录已经存在且 exist_ok 为 False,则抛出异常;与 mkdir() 的区别在于:mkdir() 只创建最后一级目录,若中间目录不存在,则会报错;makedirs() 不仅创建最后一级目录,中间不存在的目录也会一并创建
os.mkdir(path[, mode])	创建 path 目录,如果已经存在则报错
os.remove(path)	删除路径为 path 的文件。如果 path 是一个文件夹,将抛出异常;查看下面的 rmdir(),删除一个 directory
os.removedirs(path)	把 path 指定的多级目录中的所有空目录全部删除;与 rmdir() 的区别在于:rmdir() 值删除最后一级目录;removedirs() 删除 path 指定的多级目录中所有空目录
os.rename(src, dst)	重命名文件或目录,从 src 到 dst
os.renames(old, new)	对多级目录进行更名,也可以对文件进行更名
os.rmdir(path)	删除 path 指定的空目录,如果目录非空,则抛出异常

代码示例:

```
import os
# 判断当前工作目录下是否存在 test.txt 文件
>>> print(os.access(path="test.txt", mode=os.F_OK))
True


# 查看当前工作目录
>>> print(os.getcwd())
/Users/test/Programer/CodeManager/Person/PythonProgram/HelloWorld
```

```
>>> # 确保当前工作目录有test.txt文件
>>> os.rename("test.txt","test1.txt") # 重命名文件

>>> # 在当前工作目录下创建testdir文件夹
>>> os.mkdir(os.getcwd() + "/testdir")

>>> import time
>>> # 查看testdir文件夹的创建时间
>>> print(time.strftime("%Y-%m-%d %H:%M:%S", time.localtime(os.stat("testdir").st_ctime)))
2022-08-01 09:10:06

>>> # 如果是posix,说明系统是Linux、Unix或Mac OS X;如果是nt,说明系统是Windows系统
>>> print(os.name)
posix

>>> # 要获取详细的系统信息,可以调用uname()函数
>>> # 注意uname()函数在Windows上不提供,也就是说,os模块的某些函数是跟操作系统相关的
>>> print(os.uname())
posix.uname_result(sysname='Darwin', nodename='tanyixiongs-MacBook-Pro.local', release='21.6.0', version='Darwin Kernel Version 21.6.0: Sat Jun 18 17:07:22 PDT 2022; root:xnu-8020.140.41~1/RELEASE_ARM64_T6000', machine='arm64')

>>> # 在操作系统中定义的环境变量,全部保存在os.environ这个变量中,可以直接查看
>>> print(os.environ)

>>> # 要获取某个环境变量的值,可以调用os.environ.get('key')
>>> print(os.environ.get('PATH'))

>>> # 查看当前路径的绝对路径
>>> print(os.path.abspath('.'))
/Users/test/Programer/CodeManager/Person/PythonProgram/HelloWorld
>>> # 拼接路径:
>>> print(os.path.join('/Users/michael', 'testdir'))
```

```
/Users/michael/testdir

>>> # 删掉一个目录:
>>> os.rmdir(os.getcwd()+"/testdir")

>>> # 切换当前工作目录
>>> os.chdir("/Users")
>>> # 查看当前工作目录
>>> print(os.getcwd())
/Users
```

把两个路径合成一个时,不要直接拼字符串,而是通过 os.path.join() 函数正确处理不同操作系统的路径分隔符。同样的道理,要拆分路径时,也不要直接去拆字符串,而是通过 os.path.split() 函数把一个路径拆分成两个部分,后一部分总是最后级别的目录或文件名。

```
>>> os.path.split('/Users/michael/testdir/file.txt')
('/Users/michael/testdir', 'file.txt')

os.path.splitext() # 可以直接得到文件扩展名,操作非常方便
>>> os.path.splitext('/path/to/file.txt')
('/path/to/file', '.txt')
```

2)os.path 模块

os.path 模块提供了大量用于路径判断、切分、连接以及文件夹遍历的方法,见表 2.10。

表 2.10 os.path 模块的常用方法

方法	说明
os.path.abspath(path)	返回绝对路径
os.path.basename(path)	返回 path 路径中的最后一级文件名或文件夹名
os.path.dirname(path)	返回 path 路径中的文件夹部分
os.path.exists(path)	路径 path 存在则返回 True,路径损坏则返回 False
os.path.isfile(path)	判断路径是否为文件:是,返回 True;不是,返回 False
os.path.isdir(path)	判断路径是否为目录:是,返回 True;不是,返回 False
os.path.join(path1[,path2[,]])	把目录和文件名合成一个路径
os.path.split(path)	把路径分割成 dirname 和 basename,返回一个元组
os.path.splitext(path)	分割路径中的文件名与拓展名

代码示例：

```
>>> # 列出当前工作目录下的所有目录
>>> print([x for x in os.listdir('.') if os.path.isdir(x)])
['testdir', '.git', '.idea']

>>> # 列出当前工作目录下所有的 .py 文件
>>> print([x for x in os.listdir('.') if os.path.isfile(x) and os.path.splitext(x)[1] == '.py'])
['Test.py', 'ExcelMerge.py']
```

3）shutil 模块

shutil 模块是对 os 模块的补充，用于拷贝、删除、移动、压缩和解压文件，见表 2.11。

表 2.11　shutil 模块的常用方法

方法	说明
shutil.copy	复制文件，如果目标文件存在则报错，返回复制后的路径
shutil.copy2	复制文件和状态信息，返回复制后的路径
shutil.copyfile	复制文件，如果目标文件存在则直接覆盖
shutil.copytree	复制整个目录文件，不需要的文件类型可以不复制
shutil.move	移动文件或文件夹
shutil.rmtree	递归删除文件夹
shutil.make_archive	创建 rar 或 zip 格式的压缩文件
shutil.unpack_archive	解压缩文件

代码示例：

```
>>> import shutil
# 拷贝文件：将当前工作目录下的 test1.txt 复制到当前工作目录下的 testdir 文件夹下
shutil.copyfile("test1.txt", "./testdir/test1.txt")
>>> # 拷贝文件：将当前工作目录下的 test1.txt 复制到当前工作目录下的 testdir 文件夹下
>>> shutil.copyfile("test1.txt", "./testdir/test1.txt")
'./testdir/test1.txt'

>>> # 压缩文件：将当前工作目录下的 testdir 文件夹下的 test1.txt 文件压缩并存放到 testdir 文件夹下
>>> # base_name：压缩包的文件名，也可以是压缩包的路径。只是文件名时，则保存至当前目录，否则保存至指定路径
```

```
>>> # format:压缩或者打包格式 "zip", "tar", "bztar"or "gztar"
>>> # root_dir:指定要压缩的文件夹
>>> # base_dir:指定要压缩的文件
>>> shutil.make_archive(base_name="./testdir/test", format="zip",
base_dir="./testdir/test1.txt")
'./testdir/test.zip'

>>> # 解压缩:将test.zip压缩包解压至testdir/unpack文件夹下
>>> shutil.unpack_archive(filename="./testdir/test.zip", extract_
dir="./testdir/unpack")

>>> # 删除文件夹
>>> shutil.rmtree(path="./testdir/unpack")
```

2.4.3 解析 json 文件

json 是轻量级的文本数据交换格式。json 使用 JavaScript 语法来描述数据对象。json 独立于语言,具有自我描述性,更易理解。目前非常多的动态编程语言都支持 json。

在 Python 中使用 json 函数需要导入 json 库:

```
import json
```

json 库的常用方法,见表 2.12。

表 2.12 json 库的常用方法

函数	描述
json.dumps	将 Python 对象编码成 json 字符串
json.loads	将已编码的 json 字符串解码成 Python 对象

代码示例:

```
'''
参数解释:
sort_keys:设置为 True,表示输出的 json 串将按键排序
indent:是一个非负整数,那么 json 数组元素和对象成员将使用该缩进级别进行打印;
一个缩进级别为 0 只会插入换行符,如果为 "None" 表示最紧凑的
separators:用来指定 json 数据成员之间用什么符号分隔,以及键与值之间用什么符号分隔
ensure_ascii:json.dumps 将对象转化为字符串时对应中文默认使用的 ASCII 编码,想输出
真正的中文需要指定 ensure_ascii=False
'''
```

```
jsonstr = json.dumps(data,sort_keys=True,indent=4,separators=(',',
':'),ensure_ascii=False)
print(jsonstr)
```

执行结果:
```
{
    "address":"高新区软件园",
    "email": "test@163.com",
    "name": "lilei",
    "phone": "17811111721"
}
```

```
text = json.loads(jsonstr)
print(type(text))
print(text)
```

执行结果:
```
<class 'dict'>
{'address': '高新区软件园', 'email': 'test@163.com', 'name': 'lilei', 'phone': '17811111721'}
```

课后习题

1. Python 数据类型练习。

（1）使用 Python 将数字 666 转换为二进制、八进制、十六进制。

（2）将字符串"123.456"分别转换成浮点型和整型（直接转换成整型会报错,可尝试先将数据转换成浮点型再转换成整型）。

2. Python 运算符练习。

（1）已知一天有 24 h,每小时 60 min,每分钟 60 s,请使用 Python 计算一天有多少秒。

（2）给定两个变量 a=3,b=5,分别使用运算符 +、-、*、/、//、%、** 对两个变量进行计算,给出计算结果,例如,输出加法运算结果代码:print（a+b）。

3. Python 内置函数练习。

（1）使用 input 函数提示用户输入姓名,并使用 print 函数输出欢迎词"您好,××××!"。

（2）给定列表数据 [1,2,3,4],请使用内置函数分别计算列表的最大值、最小值,并对列表元素进行求和。

（3）使用range函数生成由数字0～100构成的数据集，并使用list函数将此数据集转为列表。

4. Python序列结构练习。

（1）创建包含数字1～10的列表a_list，并使用下标索引获取序列第5个元素以及倒数第三个元素。

（2）给列表a_list追加一个元素'a'，并将列表['a','b','c']追加到a_list中，计算列表中有多少个'a'元素。

（3）使用切片取出a_list中的所有奇数，使用这些数据构建新列表b_list。

（4）列表综合练习：

学校组织了一项比赛，并设置了10名评委打分，10名评委评分分别为：91、80、89、83、97、92、87、86、89、95。为了保证比赛公平公正，计分规则为去掉最高分和最低分后，计算剩下分数的平均分作为选手成绩。请编写程序计算选手成绩。

5. Python控制结构练习。

（1）编写程序计算小于1000的所有正整数中能够同时被5和7整除的最大整数。

（2）编写一个函数，函数参数为3个数字，将传入函数的3个数字由小到大排序并打印输出。

（3）已知我国2023年个人所得税税率表如下（不考虑专项扣除）：

> 年收入不超过60000元免征个税，超出部分计为年应纳税所得额
> 年应纳税所得额不超过36000元的部分，税率3%。
> 年应纳税所得额超过36000元至144000元的部分，税率10%。
> 年应纳税所得额超过144000元至300000元的部分，税率20%。
> 年应纳税所得额超过300000元至420000元的部分，税率25%。
> 年应纳税所得额超过420000元至660000元的部分，税率30%。
> 年应纳税所得额超过660000元至960000元的部分，税率35%。
> 年应纳税所得额超过960000元的部分，税率45%。

（4）请根据上表内容完成计算个税的计算函数。

第 3 章 unittest 单元测试

测试涉及软件开发过程的各个阶段,在软件项目的实施过程中,需要架构设计人员、开发人员和测试人员等角色共同努力来完成软件项目的研发。作为软件开发过程中的中坚力量,测试人员除了编写代码,通常还要承担单元测试这一任务。

基于 Python 语言实现的自动化测试脚本通常使用单元测试框架来运行,因此掌握单元测试框架的使用方法对自动化测试工程师来说非常重要。

【学习目标】

- ◆ 了解单元测试框架的基本概念;
- ◆ 了解 unittest 框架的基本概念;
- ◆ 掌握 unittest 框架的基本使用方法;
- ◆ 掌握 unittest 数据驱动测试方法;
- ◆ 掌握 unittest 测试报告的生成方法。

3.1 单元测试框架简介

单元测试框架作为软件测试的一个重要组成部分,专注于对程序中的最小单元进行测试。程序的最小单元可以是一个函数、一个类,也可以是函数的组合或类的组合。单元测试是软件测试中最低级别的测试活动,与之相对应的更高级别的测试有模块测试、集成测试和系统测试等。

软件测试分为手工测试和自动化测试。在自动化测试中,框架的概念尤为关键,它们提供了编写、用例执行、测试报告生成等基础功能。有了自动化测试框架,测试人员只需要完成和业务高度相关的测试用例设计和实现即可。目前,比较流行的 Python 单元测试框架有 unittest、pytest 等。

unittest 单元测试框架提供的功能如下:

(1)提供用例的组织和执行

在 Python 中,我们编写的代码可以定义类、方法和函数。如何定义一条测试用例?如何灵活地控制这些测试用例的执行?这些都是单元测试框架会帮助我们解决的问题。

（2）提供丰富的断言方法

当进行功能测试时，都会有一个预期结果。当测试用例的执行结果与预期结果不符时，判定测试用例失败。在自动化测试中，我们通过断言来判定测试用例执行的成功与否；通常单元测试框架会提供多种断言方法，如判断相等或不相等、包含或不包含、True 或 False 等。

（3）提供丰富的日志

自动化测试在运行过程中无须人工干预，这使得执行结果变得至关重要。我们需要从结果中清晰地识别失败的原因。此外，单元测试框架还需要统计测试用例执行的结果，如总执行时间、失败测试用例数、成功测试用例数等，以便全面评估测试的效果。

3.2 unittest 框架

unittest 作为 Python 标准库中集成的单元测试框架，通常称为 PyUnit，无须单独安装即可使用。该框架不仅能够组织和执行测试用例，还提供了一系列丰富的断言方法用于判断测试用例是否通过，并最终生成测试结果。

unittest 框架有 TestCase、TestSuite、TextTestRunner、TextTestResult 和 TestFixture 共 5 个核心要素。

（1）TestCase（测试用例）

一个 TestCase 是一个测试用例。一个测试用例是一个完整的测试流程，包括测试前的环境准备 setUp、执行测试代码 run，以及测试后的环境还原 tearDown。通过运行这个测试流程，可以对某一个问题进行验证。测试用例是在 unittest 中执行测试的最小单元，它通过 unittest 提供的 assert 方法来验证一组特定的操作和输入所得到的具体响应。unittest 提供了一个名称为 TestCase 的基础类 unittest.TestCase，可以用来创建测试用例。

（2）TestSuite（测试套件）

一个 TestSuite 是多个测试用例的集合，是针对被测程序对应的功能和模块所创建的一组测试，一个测试套件内所有的测试用例将一起执行。可以通过 addTest 方法把 TestCase 添加到 TestSuite 中，也可以通过 TestLoader 自动添加 TestCase。需注意的是，添加到 TestSuite 中的 TestCase 之间不存在先后顺序。

（3）TextTestRunner（测试执行器）

TextTestRunner 负责测试执行调度并且为用户生成测试结果，它是运行测试用例的驱动类，unittest 框架提供了一个基本的运行器 TextTestRunner，它通过文本界面在控制台上输出测试结果。

（4）TextTestResult（测试报告）

TextTestResult 用来展示所有执行用例成功或失败状态的汇总结果、执行失败的测试步骤的预期结果与实际结果以及整体运行状况和运行时间的汇总结果。

（5）TestFixture（测试夹具）

通过使用 TestFixture 可以定义在单个或多个测试执行之前的准备工作，以及测试执行后的清理工作。unittest 中提供了 setUp、tearDown、setUpClass、tearDownClass 等方法来完成这些操作。

unittest 框架的整个工作流程如下：

①编写 TestCase。

②把 TestCase 添加到 TestSuite 中。

③由 TextTestRunner 执行 TestSuite。

④将运行结果保存在 TextTestResult 中。

⑤将整个过程集成在 unittest.main 模块中。

3.3 unittest 框架案例实战

1）创建项目并编写 TestCase

在 PyCharm 中，新建项目 unittest_demo，并在项目中新建 calculator.py 作为被测试文件。语法如下：

```
class Calculator:
    '''
    计算器类，用于完成两个数的加、减、乘、除'''
    def __init__(self,a,b):
        self.a = int(a)
        self.b = int(b)
    def add(self):
        '''
        加法'''
        return self.a + self.b
    def sub(self):
        '''
        减法'''
        return self.a - self.b
    def mul(self):
        '''
        乘法'''
        return self.a * self.b
    def div(self):
        '''
        除法'''
        return self.a / self.b
```

编写测试用例。为前面的测试方法设计测试用例。在 unittest_demo 中创建 test_calculator.py 文件。语法如下：

```python
import unittest
from calculator import Calculator

class TestCalculator(unittest.TestCase):
    '''测试 calculator.py 文件'''
    def test_add(self):
        '''测试加法'''
        c = Calculator(3,5)
        result = c.add()
        self.assertEqual(result,8)
    def test_sub(self):
        '''测试减法'''
        c = Calculator(7,2)
        result = c.sub()
        self.assertEqual(result,5)
    def test_mul(self):
        '''测试乘法'''
        c = Calculator(3,3)
        result = c.mul()
        self.assertEqual(result,9)
    def test_div(self):
        '''测试除法'''
        c = Calculator(8,2)
        result = c.div()
        self.assertEqual(result,4)
```

2）组织与设定测试用例的执行顺序

在项目中创建 test_suite.py 文件，首先创建测试套件，然后使用 addTest( )方法添加测试用例。语法如下：

```python
import unittest
```

```python
from test_calculator import TestCalculator

if __name__ == '__main__':
    # 创建测试套件
    suite = unittest.TestSuite()
    suite.addTest(TestCalculator("test_add"))
    suite.addTest(TestCalculator("test_sub"))
    suite.addTest(TestCalculator("test_mul"))
    suite.addTest(TestCalculator("test_div"))
```

3）测试结果

TextTestRunner 测试执行器负责测试执行调度并生成测试结果，可以将测试结果在控制台输出，也可以将测试结果输出到外部文件中。

有时我们需要很清楚地看到每条用例执行的详细信息，可以通过设置参数 verbosity 来实现。verbosity 默认值为 1，也可以设置为 0 或 2。各值的含义如下：

①0（静默模式）：只能获得总的测试用例数和总的结果。

②1（默认模式）：类似于静默模式，但在每个成功的用例前有一个标识："."，每个失败的用例前面有一个标识："E"。

③2（详细模式）：测试结果会显示每个测试用例的所有相关信息，并且在命令行中加入不同的参数可以起到一样的效果。

4）将结果输出到控制台

修改 test_suite.py 文件，语法如下：

```python
import unittest
from test_calculator import TestCalculator

if __name__ == '__main__':
    # 创建测试套件
    suite = unittest.TestSuite()
    suite.addTest(TestCalculator("test_add"))
    suite.addTest(TestCalculator("test_sub"))
    suite.addTest(TestCalculator("test_mul"))
    suite.addTest(TestCalculator("test_div"))
    # 添加测试结果，将模式设置为详细模式
    runner = unittest.TextTestRunner(verbosity=2)
    runner.run(suite)
```

运行代码，结果如图 3.1 所示。

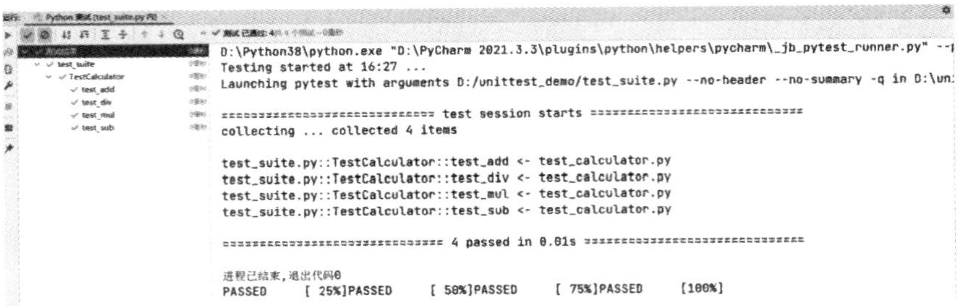

图 3.1 运行结果

5）将结果输出到外部文件

再次修改 test_suite.py 文件，首先将原本输出到控制台的代码进行注释，然后通过 stream 参数将结果输出到外部文件。再次修改后，语法如下：

```python
再次修改后的 test_suite.py
import unittest
from test_calculator import TestCalculator

if __name__ == '__main__':
    # 创建测试套件
    suite = unittest.TestSuite()
    suite.addTest(TestCalculator("test_add"))
    suite.addTest(TestCalculator("test_sub"))
    suite.addTest(TestCalculator("test_mul"))
    suite.addTest(TestCalculator("test_div"))
    # 添加测试结果,将模式设置为详细模式
    # runner = unittest.TextTestRunner(verbosity=2)
    # runner.run(suite)
    # 测试结果输出到外部文件
    with open("result.txt","a") as f:
        runner = unittest.TextTestRunner(stream=f,verbosity=2)
        runner.run(suite)
```

6）测试的初始化和清理

使用 TsetFixture，可以定义测试执行之前的准备工作和测试执行之后的清理工作。

（1）setUp（）和 tearDown（）方法

①setUp（）：每个测试 case 运行之前执行。

②tearDown（）：每个测试 case 运行完成后执行。

修改 test_calculator.py 文件，增加 setUp（）和 tearDown（）方法。修改后的文件，语法如下：

```python
import unittest
from calculator import Calculator
```

```python
# 创建测试用例
class TestCalculator(unittest.TestCase):
    '''测试 calculator.py 文件'''

    def setUp(self):
        '''每条测试用例执行之前准备测试环境'''
        print("开始测试")
    def tearDown(self):
        '''每条测试用例执行之后清理测试环境'''
        print("结束测试")
    def test_add(self):
        '''测试加法'''
        c = Calculator(3,5)
        result = c.add()
        self.assertEqual(result,8)
    def test_sub(self):
        '''测试减法'''
        c = Calculator(7,2)
        result = c.sub()
        self.assertEqual(result,5)
    def test_mul(self):
        '''测试乘法'''
        c = Calculator(3,3)
        result = c.mul()
        self.assertEqual(result,9)
    def test_div(self):
        '''测试除法'''
        c = Calculator(8,2)
        result = c.div()
        self.assertEqual(result,4)
```

运行 test_suite.py 文件，结果如图 3.2 所示。

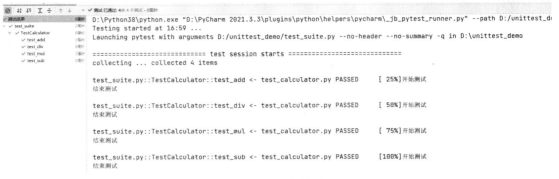

图 3.2　运行结果

（2）setUpClass（）和 tearDownClass（）方法

①setUpClass（）：必须使用 @classmethod 装饰器，初始化操作在所有 case 运行前只运行一次。

②tearDownClass（）：必须使用 @classmethod 装饰器，还原操作在所有 case 运行后只运行一次。

再次修改 test_calculator.py 文件，将 setUp（）和 tearDown（）先注释，然后再增加 setUpClass（）和 tearDownClass（）方法。再次修改，语法如下：

```python
import unittest
from calculator import Calculator

# 创建测试用例
class TestCalculator(unittest.TestCase):
    '''
    '测试 calculator.py 文件'''

    ## 每条测试用例执行之前准备测试环境
    # def setUp(self):
    #     print("开始测试")
    #
    ## 每条测试用例执行之后清理测试环境
    # def tearDown(self):
    #     print("结束测试")

    @classmethod
    def setUpClass(cls):
        print("整个测试开始前只执行一次")
    @classmethod
    def tearDownClass(cls):
```

```python
        print("整个测试结束后只执行一次")

    def test_add(self):
        '''测试加法'''
        c = Calculator(3,5)
        result = c.add()
        self.assertEqual(result,8)

    def test_sub(self):
        '''测试减法'''
        c = Calculator(7,2)
        result = c.sub()
        self.assertEqual(result,5)

    def test_mul(self):
        '''测试乘法'''
        c = Calculator(3,3)
        result = c.mul()
        self.assertEqual(result,9)

    def test_div(self):
        '''测试除法'''
        c = Calculator(8,2)
        result = c.div()
        self.assertEqual(result,4)
```

运行 test_suite.py 文件,结果如图 3.3 所示。

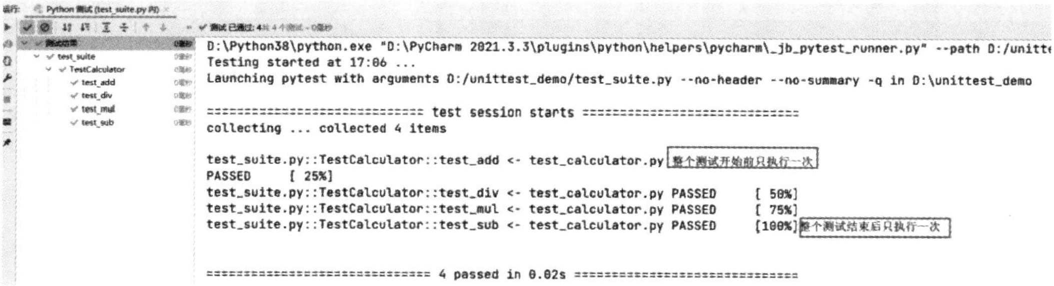

图 3.3 运行结果

7）测试用例管控

在执行测试用例时，有的用例是不需要执行的，有的用例执行结果不影响测试流程，基于此类情况，unittest 框架提供了以下管控用例的方法。

① @unittest.skip（reason）：强制跳过，不需要判断条件，reason 参数是跳过原因的描述，必须填写。

② @unittest.skipIf（condition,reason）：当 condition 为 True 时将跳过用例。

③ @unittest.skipUnless（condition,reason）：当 condition 为 False 时将跳过用例。

④ @unittest.expectedFailure：如果测试失败，这个测试不计入失败的用例数目。

修改 test_calculator.py 文件，语法如下：

```python
import unittest
from calculator import Calculator

# 创建测试用例
class TestCalculator(unittest.TestCase):
    '''
    测试 calculator.py 文件 '''

    ## 每条测试用例执行之前准备测试环境
    # def setUp(self):
    #     print("开始测试")
    #
    ## 每条测试用例执行之后清理测试环境
    # def tearDown(self):
    #     print("结束测试")

    @classmethod
    def setUpClass(cls):
        print("整个测试开始前只执行一次")
    @classmethod
    def tearDownClass(cls):
        print("整个测试结束后只执行一次")

    @unittest.skipUnless(1>2,"不执行这个用例")
    def test_add(self):
        '''
        测试加法 '''
```

```python
        c = Calculator(3,5)
        result = c.add()
        self.assertEqual(result,8)

    def test_sub(self):
        '''测试减法'''
        c = Calculator(7,2)
        result = c.sub()
        self.assertEqual(result,5)

    def test_mul(self):
        '''测试乘法'''
        c = Calculator(3,3)
        result = c.mul()
        self.assertEqual(result,9)

    def test_div(self):
        '''测试除法'''
        c = Calculator(8,2)
        result = c.div()
        self.assertEqual(result,4)
```

修改后，运行 test_suite.py 文件，结果如图 3.4 所示，可以看到 test_add（）用例没有被执行。

```
测试 已通过：3, 已忽略：1共 4 个测试 - 0毫秒
D:\Python38\python.exe "D:\PyCharm 2021.3.3\plugins\python\helpers\pycharm\_jb_pytest_runner.py" --path D:/unitt
Testing started at 9:45 ...
Launching pytest with arguments D:/unittest_demo/test_suite.py --no-header --no-summary -q in D:\unittest_demo

============================= test session starts =============================
collecting ... collected 4 items

test_suite.py::TestCalculator::test_add <- test_calculator.py 整个测试开始前只执行一次
SKIPPED    [ 25%]
Skipped: 不执行这个用例

test_suite.py::TestCalculator::test_div <- test_calculator.py PASSED       [ 50%]
test_suite.py::TestCalculator::test_mul <- test_calculator.py PASSED       [ 75%]
test_suite.py::TestCalculator::test_sub <- test_calculator.py PASSED       [100%]整个测试结束后只执行一次

======================== 3 passed, 1 skipped in 0.02s =========================

进程已结束,退出代码0
```

图 3.4 运行时跳过

3.4 使用 unittest 框架生成 HTML 可视化测试报告

3.4.1 HTML 测试报告

在 3.3 节中,执行测试脚本后得到的测试结果是以命令的形式在控制台展示出来的,其可读性较差。如果将测试结果以丰富的样式呈现出来,会大大提升它的可读性。

HTMLTestRunner 是 unittest 模块的一个扩展,它可以生成易于阅读的 HTML 测试报告,使测试结果的查看和分享变得更加方便。

因为该扩展不支持 Python 3 版本,所以需要对扩展文件进行修改,使它可以在 Python 3 版本下运行,同时支持中文显示。

3.4.2 HTMLTestRunner 的安装

HTMLTestRunner 的使用非常简单,它是一个独立的 HTMLTestRunner.py 文件。下载后,将 HTMLTestRunner.py 文件放到 Python 安装目录下的 Lib 文件中,如图 3.5 所示。

图 3.5 将 HTMLTestRunner.py 文件放到 Python 安装目录下的 Lib 文件中

打开 Python Shell,输入"import HTMLTestRunner",验证安装是否成功,如图 3.6 所示。

图 3.6 验证安装是否成功

如果没有出现报错信息,则说明安装成功。

3.4.3 生成 HTML 测试报告

本小节以 unittest 框架实战案例来进行测试并生成测试报告。在 unittest_demo 项目中,新建 htmlreport.py 文件,语法如下:

```python
import unittest
from HTMLTestRunner import HTMLTestRunner
from test_calculator import TestCalculator

if __name__ == '__main__':
    # 创建测试套件
    suite = unittest.TestSuite()
    suite.addTest(TestCalculator("test_add"))
    suite.addTest(TestCalculator("test_sub"))
    suite.addTest(TestCalculator("test_mul"))
    suite.addTest(TestCalculator("test_div"))
    f = open("reporter.html","wb")
    runner = HTMLTestRunner(stream=f,title="测试报告",description="测试用例执行情况")
    runner.run(suite)
```

运行 htmlreport.py 文件，可以看到在 D 盘下增加了一个 HTML 文件 report.html。打开该文件，如图 3.7 所示。

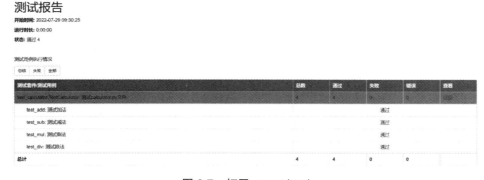

图 3.7　打开 report.html

从图 3.7 中可以看出，打开 report.html 是一份测试报告，它直观地展示了测试用例的执行情况，并对测试总数、测试通过数、测试失败数、错误数等进行了统计，使用户可以更好地观察和读懂测试报告。

3.5　案例：使用 unittest 框架进行数据驱动测试

数据驱动测试（Data-Driven Testing，DDT）是一种测试设计哲学和方法，它将测试逻辑与测试数据分离，允许测试人员使用相同的测试逻辑来运行多组输入数据。数据驱动测试通过自动化、参数化和结构化的方式，显著提高了软件测试的效率、质量和可维护性。在现代软件开发中，数据驱动测试已成为一种强大的工具，用于提高软件质量和测试效率。

3.5.1 读取数据文件

1）读取 txt 文件

在自动化测试中，我们经常需要准备多个测试数据，比如测试登录，需要将用户名和密码存放到 txt 文件中，然后读取该 txt 文件中的数据作为测试用例的数据。

在 PyCharm 中，新建项目读取数据文件。在项目中新建文件，输入“user_info.txt”回车。在文件中添加测试数据，如图 3.8 所示。

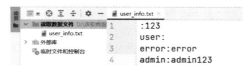

图 3.8　user_info.txt

这里将用户名和密码按行写入 txt 文件中，用户名和密码之间用冒号“:”隔开。创建 read_txt.py 文件，用于读取 txt 文件。语法如下：

```
# 读取文件
with(open("user_info.txt","r"))as user_file:
  data = user_file.readlines()

# 格式化处理
users = []
for line in data:
  user = line[:-1].split(":")
  users.append(user)

# 打印 users 二维数组
print(users)
```

运行结果，如图 3.9 所示。

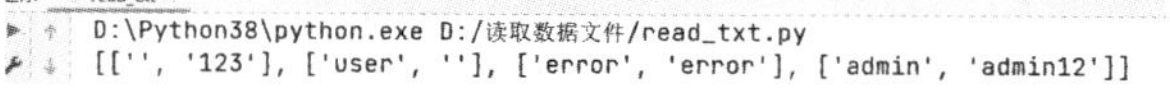

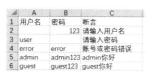

图 3.9　运行结果

2）读取 CSV 文件

CSV 文件一般用于存放固定字段的数据，下面把用户名、密码和断言保存到 CSV 文件中。新建一个 Excel 文件并输入数据，如图 3.10 所示。

	A	B	C
1	用户名	密码	断言
2		123	请输入用户名
3	user		请输入密码
4	error	error	账号或密码错误
5	admin	admin123	admin你好
6	guest	guest123	guest你好

图 3.10　CSV 文件

输入数据后,单击"文件"→"另存为",选择"读取数据文件"的项目路径,保存类型选择"CSV UTF-8(逗号分隔)(*.csv)",文件名为"user_info.csv",单击"保存"按钮,如图3.11所示。

图 3.11　保存格式

创建 read_csv.py 文件,代码如下:

```python
import csv
import codecs
from itertools import islice

# 读取本地 CSV 文件
data = csv.reader(codecs.open("user_info.csv","r","utf_8"))

# 存放用户数据
users = []

# 循环输出每行信息
for line in islice(data,1,None):
    users.append(line)

# 打印
print(users)
```

运行结果,如图 3.12 所示。

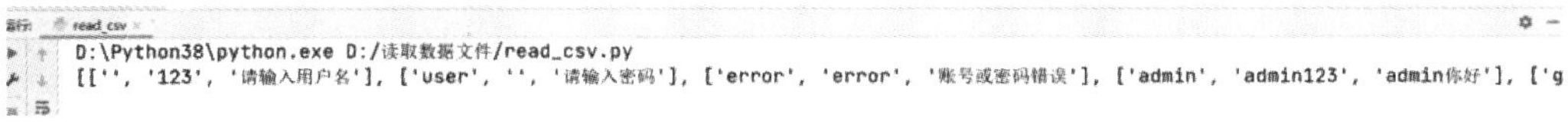

```
D:\Python38\python.exe D:/读取数据文件/read_csv.py
[['', '123', '请输入用户名'], ['user', '', '请输入密码'], ['error', 'error', '账号或密码错误'], ['admin', 'admin123', 'admin你好'], ['g
```

图 3.12　运行结果

3)读取 JSON 文件

JSON 文件是一种轻量级的数据交换格式,清晰的层次结构使 JSON 文件被广泛使用。在项

目中,创建 user_info.json 文件,代码如下:

```json
[{
  "username": "",
  "password": ""
},{
  "username": "",
  "password": "123"
},{
  "username": "user",
  "password": ""
},{
  "username": "error",
  "password": "error"
},{
  "username": "admin",
  "password": "admin123"
}]
```

创建 read_json.py 文件,代码如下:

```python
import json
with open("user_info.json","r") as f:
    data = f.read()

user_list = json.loads(data)
# print(user_list)
for i in user_list:
    print(i)
```

运行代码,结果如图 3.13 所示。

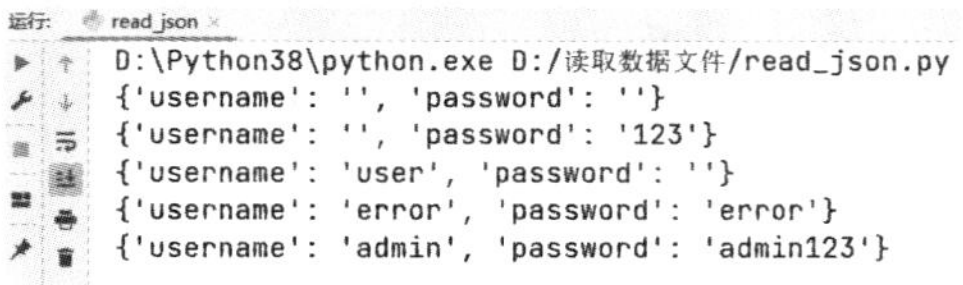

```
D:\Python38\python.exe D:/读取数据文件/read_json.py
{'username': '', 'password': ''}
{'username': '', 'password': '123'}
{'username': 'user', 'password': ''}
{'username': 'error', 'password': 'error'}
{'username': 'admin', 'password': 'admin123'}
```

图 3.13 运行结果

3.5.2 数据驱动测试

数据驱动测试是 unittest 框架中重要的测试方法之一。本小节使用百度首页作为测试对象,实现数据驱动测试。

1）创建测试用例

在 PyCharm 中创建一个"数据驱动 _demo"的项目，并在项目下创建文件 baidu_data.csv，如图 3.14 所示。

图 3.14　baidu_data.csv

2）测试前准备工作

①安装 FireFox 浏览器。

②下载 FireFox 浏览器驱动。

③使用 pip 安装 selenium 包。

④使用如下代码定义测试前的准备工作。

```python
@classmethod
def setUpClass(cls):
    # 设置驱动位置
        service = Service(executable_path="geckodriver.exe")
    options = Options()
    # 设置你的 FireFox 浏览器安装位置
        options.binary_location = r"firefox.exe"
    cls.driver = webdriver.Firefox(service=service, options=options)
    cls.base_url = "https://www.baidu.com"
    cls.test_data = []
    # 读取 csv 文件数据
    with codecs.open("baidu_data.csv","r","utf_8")as f:
        data = csv.reader(f)
        for line in islice(data,1,None):
            cls.test_data.append(line)
    print(cls.test_data)
```

3）定义测试完成后的清理工作

使用如下代码定义测试结束后的清理工作。

```python
@classmethod
def tearDownClass(cls):
    cls.driver.quit()
```

4)测试百度搜索框搜索功能

使用如下代码定义测试百度搜索框搜索功能。

```python
def baidu_search(self,search_key):
    self.driver.get(self.base_url)
    self.driver.find_element(By.ID,"kw").send_keys(search_key)
    self.driver.find_element(By.ID,"su").click()
    sleep(3)
```

使用如下代码定义搜索关键字 selenium。

```python
def test_search_selenium(self):
    '''case1'''
    self.baidu_search(self.test_data[0][1])
```

使用如下代码定义搜索关键字 unittest。

```python
def test_search_unittest(self):
    '''case2'''
    self.baidu_search(self.test_data[1][1])
```

使用如下代码定义搜索关键字 parameterized。

```python
def test_search_parameterized(self):
    '''case3'''
    self.baidu_search(self.test_data[2][1])
```

5)运行测试

在项目中,创建 test_baidu_data.py 文件,将前面步骤的测试逐一定义,并运行。完整代码如下:

```python
import csv
import codecs
import unittest
from time import sleep
from itertools import islice
from selenium import webdriver
from selenium.webdriver.common.by import By
from selenium.webdriver.firefox.service import Service
from selenium.webdriver.firefox.options import Options


class TestBaidu(unittest.TestCase):
```

```python
    # 定义测试前准备工作
    @classmethod
    def setUpClass(cls):
        # 设置驱动位置
        service = Service(executable_path="geckodriver.exe")
        options = Options()
        # 设置你的 FireFox 浏览器安装位置
        options.binary_location = r"firefox.exe"
        cls.driver = webdriver.Firefox(service=service, options=options)
        cls.base_url = "https://www.baidu.com"
        cls.test_data = []
        # 读取 csv 文件数据
        with codecs.open("baidu_data.csv","r","utf_8")as f:
            data = csv.reader(f)
            for line in islice(data,1,None):
                cls.test_data.append(line)
        print(cls.test_data)

    # 定义测试结束后清理工作
    @classmethod
    def tearDownClass(cls):
        cls.driver.quit()

    # 定义百度搜索框功能测试
    def baidu_search(self,search_key):
        self.driver.get(self.base_url)
        self.driver.find_element(By.ID,"kw").send_keys(search_key)
        self.driver.find_element(By.ID,"su").click()
        sleep(3)

    # 定义搜索 selenium
    def test_search_selenium(self):
        '''case1'''
        self.baidu_search(self.test_data[0][1])

    # 定义搜索 unittest
    def test_search_unittest(self):
```

```
    '''case2'''
    self.baidu_search(self.test_data[1][1])

# 定义搜索 parameterized
def test_search_parameterized(self):
    '''case3'''
    self.baidu_search(self.test_data[2][1])

if __name__ == '__main__':
    unittest.main(verbosity=2)
```

运行结果,如图 3.15 所示。

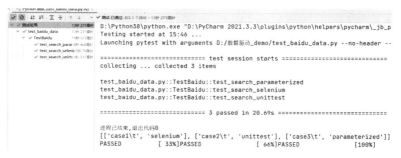

图 3.15　运行结果

3.5.3　参数化处理测试数据

Parameterized 是 Python 的一个参数化库,同时支持 unittest 框架、nose 框架和 pytest 框架。Parameterized 支持通过 pip 命令进行安装。进入 cmd 命令行模式,输入"pip install parameterized",如图 3.16 所示。

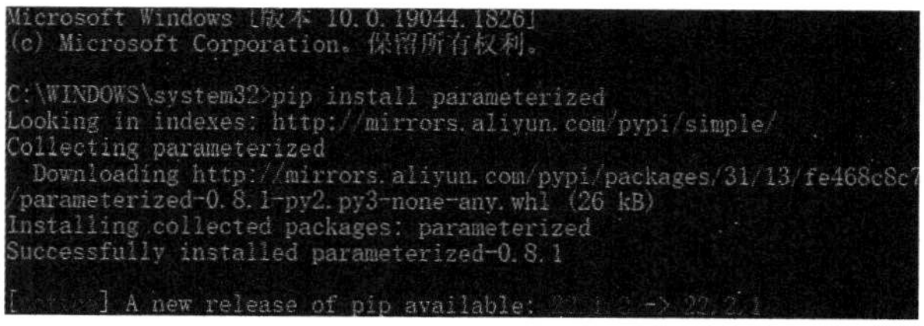

图 3.16　通过 pip 命令进行 Parameterized 安装

将"test_baidu_data.py"的代码复制到"test_baidu_parameterized.py"文件中,并进行修改,代码如下:

```
import unittest
from time import sleep
```

```python
from selenium import webdriver
from selenium.webdriver.common.by import By
from parameterized import parameterized
from selenium.webdriver.firefox.service import Service
from selenium.webdriver.firefox.options import Options

class TestBaidu(unittest.TestCase):
    # 定义测试前准备工作
    @classmethod
    def setUpClass(cls):
        # 设置驱动位置
        service = Service(executable_path="geckodriver.exe")
        options = Options()
        # 设置你的 FireFox 浏览器安装位置
        options.binary_location = r"firefox.exe"
        cls.driver = webdriver.Firefox(service=service, options=options)
        cls.base_url = "https://www.baidu.com"

    # 定义测试结束后清理工作
    @classmethod
    def tearDownClass(cls):
        cls.driver.quit()

    # 定义百度搜索框功能测试
    def baidu_search(self, search_key):
        self.driver.get(self.base_url)
        self.driver.find_element(By.ID, "kw").send_keys(search_key)
        self.driver.find_element(By.ID, "su").click()
        sleep(3)

    # 通过 parameterized 实现参数化
    @parameterized.expand([
        ("case1", "selenium"),
        ("case2", "unittest"),
        ("case3", "parameterrized")
    ])
```

```python
# 定义搜索
def test_search(self,name,search_key):
    '''case1'''
    self.baidu_search(search_key)
    self.assertEqual(self.driver.title,search_key + "_百度搜索")

if __name__ == '__main__':
    unittest.main(verbosity=2)
```

运行结果,如图 3.17 所示。

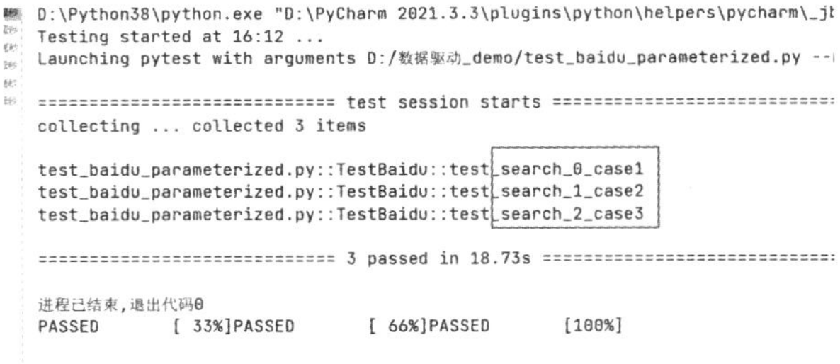

图 3.17　运行结果

3.5.4　使用 DDT 扩展库测试数据

DDT 是针对 unittest 框架单元测试框架设计的扩展库,允许使用不同的测试数据来运行一个测试用例,并将其展示为多个测试用例。

DDT 支持通过 pip 命令安装,打开命令提示符,输入"pip install ddt",结果如图 3.18 所示。

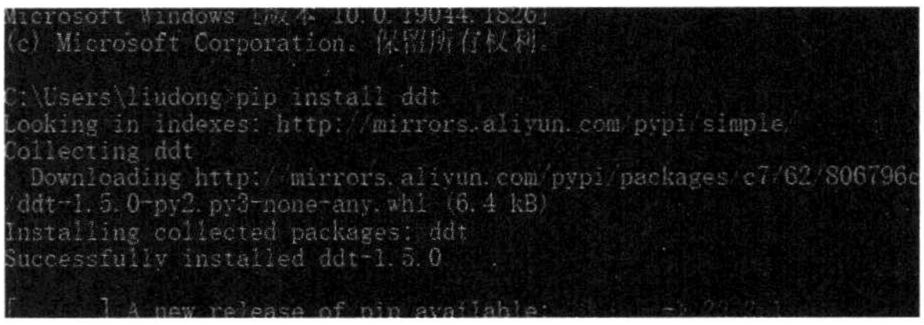

图 3.18　通过 pip 命令安装 ddt

在"数据驱动_demo"项目中创建"test_baidu_ddt.py"文件,代码如下:

```
import unittest
from time import sleep
from selenium import webdriver
from selenium.webdriver.common.by import By
from ddt import ddt,data,file_data,unpack
from selenium.webdriver.firefox.service import Service
from selenium.webdriver.firefox.options import Options
```

```python
# 装饰器 ddt
@ddt
class TestBaidu(unittest.TestCase):
    # 定义测试前准备工作
    @classmethod
    def setUpClass(cls):
        # 设置驱动位置
        service = Service(executable_path="geckodriver.exe")
        options = Options()
        # 设置你的 FireFox 浏览器安装位置
        options.binary_location = r"firefox.exe"
        cls.driver = webdriver.Firefox(service=service, options=options)
        cls.base_url = "https://www.baidu.com"

    # 定义测试结束后清理工作
    @classmethod
    def tearDownClass(cls):
        cls.driver.quit()

    # 定义百度搜索框功能测试
    def baidu_search(self, search_key):
        self.driver.get(self.base_url)
        self.driver.find_element(By.ID, "kw").send_keys(search_key)
        self.driver.find_element(By.ID, "su").click()
        sleep(3)

    # 参数化使用方式一
    @data(["case1", "selenium"], ["case2", "ddt"], ["case3", "python"])
    @unpack
    def test_search1(self, case, search_key):
        print(f"第一组测试用例:{case}")
        self.baidu_search(search_key)
        self.assertEqual(self.driver.title, search_key + "_百度搜索")

    # 参数化使用方式二
    @data(("case1", "selenium"), ("case2", "ddt"), ("case3", "python"))
    @unpack
```

```python
def test_search2(self,case,search_key):
    print(f"第二组测试用例:{case}")
    self.baidu_search(search_key)
    self.assertEqual(self.driver.title, search_key + "_百度搜索")


# 参数化使用方式三
@data({"search_key":"selenium"},{"search_key":"ddt"},
      {"search_key":"python"})
@unpack
def test_search3(self,search_key):
    print(f"第三组测试用例:{search_key}")
    self.baidu_search(search_key)
    self.assertEqual(self.driver.title, search_key + "_百度搜索")


if __name__ == '__main__':
    unittest.main(verbosity=2)
```

运行代码,结果如图 3.19 所示。

图 3.19　运行结果

DDT 同样支持数据文件的参数化。首先,在项目"数据驱动_demo"中新建文件"ddt_data_file.json"。文件内容如图 3.20 所示。

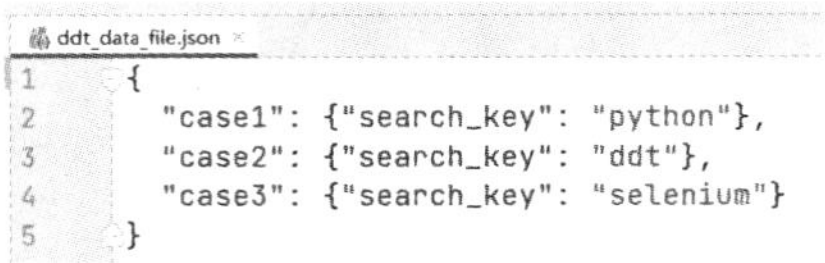

图 3.20　ddt_data_file.json 文件

其次,在"test_baidu_ddt.py"文件中增加测试用例数据,并使用参数化读取 json 文件,如图 3.21 所示。

```
43      #参数化使用方式三
44      @data({"search_key":"selenium"},{"search_key":"ddt"},{"search_key":"python"})
45      @unpack
46      def test_search3(self,search_key):
47          print(f"第三组测试用例：{search_key}")
48          self.baidu_search(search_key)
49          self.assertEqual(self.driver.title, search_key + "_百度搜索")
50
51      #参数化读取JSON文件
52      @file_data('ddt_data_file.json')
53      def test_search4(self,search_key):
54          print(f"第四组测试用例：{search_key}")
55          self.baidu_search(search_key)
56          self.assertEqual(self.driver.title, search_key + "_百度搜索")
57
58  if __name__ == '__main__':
59      unittest.main(verbosity=2)
```

图 3.21 参数化读取 json 文件

运行代码，结果如图 3.22 所示，增加了第四组测试用例。

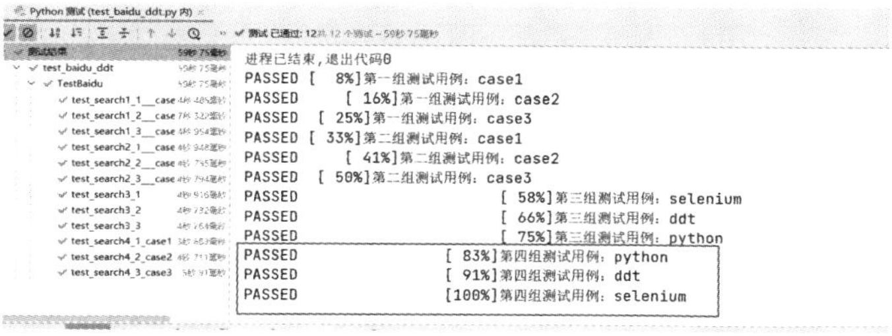

图 3.22 运行结果

如果数据文件是 CSV 文件，需要先读取 CSV 文件，然后再用 DDT 进行处理。

首先，新建项目"数据驱动_CSV 文件"，并在项目中新建"test_baidu_csv.csv"文件，文件内容如图 3.23 所示。

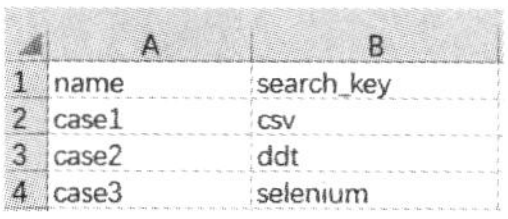

name	search_key
case1	csv
case2	ddt
case3	selenium

图 3.23 test_baidu_csv.csv 文件

其次，新建"read_csv.py"文件，编写读取 CSV 文件的代码。代码如下：

```
import csv
import codecs
from itertools import islice


def Read_CSV():
    # 读取本地CSV文件
    data = csv.reader(codecs.open("test_baidu_csv.csv", "r", "utf_8"))

    # 存放用户数据
    lists = []
```

```python
# 循环输出每行信息
for line in islice(data, 1, None):
    lists.append(line)

# 返回 lists
return lists
```

最后,新建"test_baidu_csv_ddt.py"文件,代码如下:

代码 test_baidu_csv_ddt.py
```python
import unittest
from time import sleep
from selenium import webdriver
from selenium.webdriver.common.by import By
from read_csv import Read_CSV
from ddt import ddt,data,file_data,unpack
from selenium.webdriver.firefox.service import Service
from selenium.webdriver.firefox.options import Options

# 装饰器 ddt
@ddt
class TestBaidu(unittest.TestCase):
    # 定义测试前准备工作
    @classmethod
    def setUpClass(cls):
        # 设置驱动位置
        service = Service(executable_path="geckodriver.exe")
        options = Options()
        # 设置你的 FireFox 浏览器安装位置
        options.binary_location = r"firefox.exe"
        cls.driver = webdriver.Firefox(service=service, options=options)
        cls.base_url = "https://www.baidu.com"

    # 定义测试结束后清理工作
    @classmethod
    def tearDownClass(cls):
        cls.driver.quit()

    # 定义百度搜索框功能测试
    def baidu_search(self,search_key):
```

```
    self.driver.get(self.base_url)
    self.driver.find_element(By.ID,"kw").send_keys(search_key)
    self.driver.find_element(By.ID,"su").click()
    sleep(3)

# 测试数据读取
test_data = Read_CSV()
@data(*test_data)

# 将数据引入测试用例中
def test_search(self,lists):
    print(lists)
    print(f"第四组测试用例:{lists[0]}")
    self.baidu_search(lists[1])
    self.assertEqual(self.driver.title, lists[1] + "_百度搜索")

if __name__ == '__main__':
    unittest.main(verbosity=2)
```

运行代码,结果如图 3.24 所示。

图 3.24　运行结果

课后习题

阅读下列程序,结合本章所学内容,按要求完成 Rectangle 类单元测试代码编写:

```
# 定义矩形类,根据传入矩形宽高,计算矩形面积
class Rectangle:
    def __init__(self, width, height):
        self.width = width
        self.height = height
```

```
def get_area(self):
    return self.width * self.height

def set_width(self, width):
    self.width = width

def set_height(self, height):
    self.height = height
```

（1）定义单元测试类，并在 setUp 方法中构建 Rectangle 类实例作为测试对象，实例宽、高均设置成 0。

（2）完成构造函数测试用例编写，要求包含一个有效数据的用例（宽、高均大于零）和两个无效数据的用例（宽小于零、高小于零）。

（3）完成 set_width 函数测试用例的编写，要求包含一个有效数据用例（宽大于零）和一个无效数据用例（宽小于零）。

（4）完成 set_height 函数测试用例的编写，要求包含一个有效数据用例（高大于零）和一个无效数据用例（高小于零）。

（5）完成 get_area 函数测试用例的编写，测试面积计算是否正确。

（6）执行测试用例并生成测试报告。

第 4 章 Postman 接口测试

Postman 是一个可扩展的 API 测试工具,始于 2012 年,是 Abhinav Asthana 的一个附带项目,旨在简化测试和开发中的 API 工作流程。目前,每天有超过 400 万用户使用 Postman 进行接口测试,使其成为该领域的领先工具。

接口测试是测试系统组件之间接口的一种测试方法,主要用于检查外部系统和系统之间以及内部各个子系统之间的交互点。接口测试在软件开发和质量控制过程中具有极其重要的地位,通过接口测试,可以在系统开发的早期阶段就发现和解决潜在的问题,降低后期维护和修复的成本。此外,接口测试还可以为后续的版本升级和功能扩展提供可靠的保障。

【学习目标】

- ◆ 掌握接口测试用例的设计步骤;
- ◆ 理解接口测试用例的要素;
- ◆ 熟悉接口测试用例的测试内容;
- ◆ 了解 HTTP 协议的相关概念;
- ◆ 了解 Postman 测试工具的相关信息;
- ◆ 掌握 Postman 测试工具的下载与安装方法;
- ◆ 掌握 Postman 测试工具的基本使用方法;
- ◆ 掌握 Postman 参数化请求的使用方法;
- ◆ 掌握 Postman 测试集的使用方法。

4.1 设计测试用例

4.1.1 设计接口测试用例的步骤

1)选择合适的测试对象

对一个系统做接口测试,识别出合理的测试对象对实现预期测试效果至关重要。系统可能包含多层次结构和众多接口,如果逐一进行测试,将会耗费大量的时间和人力,也会增加用例的维护成本。因此,关键在于分析并确定系统的核心模块和关键接口,集中资源进行彻底测试。这种方法能够在最小化测试投入的同时,最大化测试效果,实现高效率的测试覆盖。

2)明确接口测试的关注点

在编写测试用例前,应根据测试对象性质和需求文档要求,合理地选择测试关注点,避免出现关键接口测试点遗漏的情况,同时避免时间和人力消耗在不常用接口上。

设计接口测试用例的主要关注点为:

①接口功能实现是否与接口设计文档一致。
②接口是否建立良好的容错机制以及异常处理基础,即测试接口稳定性。
③接口权限控制是否合理,所采用的鉴权方案是否满足安全性要求。
④接口性能是否满足设计需求。
⑤接口是否按照约定的标准采用合理的请求方法设计:接口请求参数以及返回参数是否符合项目约定的接口设计规范。

3)采用系统化步骤设计测试用例

①与开发人员交流,阅读接口设计文档,熟悉接口设计规范。
②明确接口调用规则。
③梳理业务逻辑,整理上下游调用链。
④针对每个接口设计用例。
⑤分组整理测试用例。

4.1.2 接口测试用例要素

接口测试用例要素,见表 4.1。

表 4.1 接口测试用例要素

用例要素	要素说明	要素案例
标识	测试用例的唯一标识符	API_001
测试模块	说明用例归属于哪个模块	登录
测试项	简要描述要测试的内容	正常登录
优先级	测试用例的优先级	P1
前置条件	执行用例前需要做的准备工作	
接口地址	接口 URL 地址	/login
调用方式	包含请求方法和请求头部信息	请求方法:POST 请求头部 ContentType:Application/json

续表

用例要素	要素说明	要素案例

输入数据	请求数据参数	{
		username: "test",
		password: "123456"
		}

预期结果	接口预期返回值,返回数据应包括响应状态码和响应数据,对于部分特殊接口,还应包括头部信息和 Cookie 信息	接口返回状态码:200
		接口返回数据
		{
		statuscode: 0,
		token: "03asjdhfijsd_"
		}

测试结果	接口测试是否通过	
环境要求	用例执行相关的软硬件环境要求	
备注	其他补充说明	

4.1.3 接口测试用例测试内容

接口测试的主要关注点在于测试接口的正确性、安全性和接口性能。

（1）接口的正确性验证

①明确每个接口对应的完整参数列表。

②确定每个接口参数的取值范围。

③验证数据格式、字段数据类型和必填字段。

④验证响应头部、验证响应状态码和验证响应数据。

⑤验证异常输入处理方式。

⑥验证完整调用链。

（2）接口安全性验证

①验证 Authorization 头部:不带头部的能否获取数据,带头部的能否正确识别。

②验证 Cookies:Cookies 生存时间,是否加密。

③验证人机认证:是否正确工作,是否存在破解可能。

④验证密码强度:是否限定密码长度和密码字符构成、是否有密码过期策略。

⑤验证 Token:Token 是否会过期失效。

（3）接口性能测试

①负载测试:确定被测应用程序是否能够满足高负载要求。

②压力测试:找到服务在可用的情况下能够承受的最大负载。

4.2 HTTP 协议

4.2.1 HTTP 协议的概述

HTTP（Hypertext Transfer Protocol，超文本传输协议）是一种面向应用层的协议，在 1990 年万维网刚刚起步时，HTTP 协议就作为万维网的底层协议，为万维网提供原始数据传输服务。

1）HTTP 协议的工作过程

HTTP 协议是一种基于请求/响应模式的协议，用于在客户机和服务器之间传输超文本数据。数据的请求方（客户）可以通过浏览器（客户端）向数据或服务的提供方（服务器）提交 HTTP 请求信息。服务器解析客户端提交的请求信息，为客户端提供 HTML、音频、视频等数据资源或者代表客户端执行各类功能。

每一次 HTTP 操作都是一个事务，其整个工作过程如下：

（1）地址解析

通过浏览器访问地址 https://www.baidu.com/，地址解析组件会从请求地址中分解出以下组件，协议名：https，主机名：www.baidu.com，对象路径：/。地址解析完成就能找到数据投放地址，HTTP 报文就可以正确投放到指定服务器的指定路径下。

（2）封装 HTTP 请求

根据 HTTP 协议要求，填充 HTTP 协议约定的请求头部信息，选择合适的请求方法，打包提交给服务器的数据，完成 HTTP 请求封装。此操作类似于给信封填写好邮递信息，并把信件放置于信封中。

（3）建立 TCP 连接

在 HTTP 工作开始前，客户机首先要通过网络与服务器建立连接，该连接是通过 TCP 协议来完成的。

（4）完成数据通信

建立连接后，客户机将封装好的报文发送给服务器，服务器处理请求，并返回处理结果，最后由客户端处理服务器返回数据，完成 HTTP 操作。

2）HTTP 协议的特点

（1）无连接

无连接的含义是限制每次连接只处理一个请求，服务器处理客户的请求完成并收到客户的应答后，即断开连接，采用这种方式可以节省传输时间。

（2）无状态

无状态是指协议对于事务处理没有记忆能力，服务器不知道客户端是什么状态。在客户端与服务器进行动态交互的 Web 应用程序出现之后，HTTP 无状态的特性严重阻碍了这些应用的实现,目前有两种用于保持连接状态的技术:一种是 Cookie,另一种是 Session。Cookie 通过客户端保存信息,并在每次请求时附带 Cookie 信息保持状态,Session 则是通过服务器保持状态,在开展接口测试工作时,一定要注意测试状态是否保持正确,并在请求接口时需要附带上接口需要的所有信息。

4.2.2 统一资源标识符

统一资源标识符(Uniform Resource Identifier,URI)是一个用于标识在万维网中某一资源的字符串。在网络上,有很多与 URI 相近的术语,它们都是用于在万维网中查找某一资源的字符串,如万维网地址、通用文件标识(Unique Device Identifier,UDI)、统一资源定位符(Uniform Resource Locator,URL)等,其中 URI 和 URL 最为普及。

统一资源标识符由协议名、登录信息、服务器地址、服务器端口号、请求资源路径、请求参数和片段标识符构成。大多数的接口地址都建立在这个通用格式上:

```
<scheme>://<user>:<password>@<host>:<port>/<path>;<params>?<query>#<frag>
```

接口地址一般不会包含所有组件,在接口地址构成中,最重要的 3 个组件是方案、主机和路径。统一资源标识符组件,见表 4.2。

表 4.2　统一资源标识符组件

组件	组件描述
协议名(scheme)	指定使用何种传输协议在互联网中传输数据
用户(user)	允许客户端提供用户名
密码(password)	允许客户端提供密码
主机(host)	主机地址,也可以称为服务器地址
端口(port)	指明链接端口号
路径(path)	提供了访问资源的详细文件路径
参数(params)	请求附带的额外参数信息
查询(query)	使用查询字符串传入任意键值对数据
片段(frag)	用于可标记获得的资源中的子资源

完整的 URI 格式样例如下:

```
http://user:pass@www.example.com:80/home/u.html;type=d?age=11#mask
http:协议方案名
user:pass:用户名和密码
www.example.com:主机地址
80:端口号
```

```
home/u.html:文件路径
type=d:参数
age=11:查询字符串
mask:片段标识符
```

4.2.3　HTTP 请求（Request）

1）HTTP 请求格式

HTTP 请求的基本格式，如图 4.1 所示。

图 4.1　HTTP 请求的基本格式

以登录测试系统为例，代码如下：

```
POST http://code.430school.com/Account/Login HTTP/1.1  Host:
code.430school.com
Connection: keep-alive
Content-Length:253
Authorization: Bearer null
User-Agent: Mozilla/5.0  Chrome/91.0.4472.124Safari/537.36  Content-
Type: application/json; charset=UTF-8
Accept: */*
Origin: http://code.430school.com
Referer: http://code.430school.com/v2

{"usernameOrEmailAddress":"test","password":"123qwe"}
```

一个请求消息是从客户端到服务器的，我们把一次请求传递的请求消息称为一个 HTTP 报文，每条报文都是由 3 个部分组成的，即对报文进行描述的首行、包含属性的头部和包含数据的主体部分，其中数据主体是可选部分。

报文的首行中，首先包含请求方法、资源标识符、协议版本，其次是以回车符和换行符结束。以上图为例，请求方法为 POST，请求地址为 http://code.430school.com/Account/Login，采用的协议及版本号为 HTTP/1.1。

紧跟在首行之后的部分被称为请求头部，请求头部允许客户端传递附加信息给服务器，请求头部的每一条信息都独占一行，以键值对的形式组织，键和值之间采用冒号进行分隔，每一条信息结束需要回车符加上换行符作为结束标记。

头部数据之后放置客户端向服务器提交的请求数据,在传递请求数据前,需要一个额外的空行来分隔请求头部和请求数据。请求数据格式是不固定的,由服务器决定,在发起请求时,客户端需要按照指定的格式提交请求数据,在请求头部使用Content-Type指明采用何种格式提交数据。

2)请求方法

请求方法是指定在资源上执行的方法,在进行接口测试时,测试者不但需要关注接口功能实现是否正确,也需要关注接口是否按照标准在指定资源上执行方法。

(1)GET方法

GET方法用于获取服务器上的资源,服务器接收到GET请求时,应返回客户端请求的资源。在采用GET方法请求资源时,可以采用If-Modified-Since、If-Unmodified-Since、If-Match、If-None-Match等头部字段约定返回资源的条件,此时服务器应只返回符合条件的资源,测试者需要关注GET接口是否提供"条件GET",并针对"条件GET"进行额外的测试。

需要注意的是,GET请求是允许被缓存的,因此在测试GET接口时,需要额外关注资源是否合理地被缓存,同时也要关注测试接口时缓存对测试结果的影响。

(2)POST方法

POST方法用于向服务器提交新的资源,如表单数据。POST方法的实际功能由服务器决定,客户端通过请求地址提交新的资源后,服务器可以自行决定对数据进行何种操作。

(3)PUT方法

PUT方法请求服务器存储一个资源,并且利用URI生成该资源的标识,如果该资源在服务器上已存在,则要求服务器更新资源。

(4)DELETE方法

DELETE方法请求服务器删除由URI指定的资源。

(5)其他请求方法

①HEAD方法:请求获取由URI所标识的资源的响应消息报头。

②TRACE方法:请求服务器回送收到的请求信息,主要用于测试或诊断。

③CONNECT方法:保留将来使用。

④OPTIONS方法:查询服务器的性能,或者查询与资源相关的选项和需求。

在一些系统中,会采用POST方法覆盖数据的增加、删除和更新等操作,采用GET方法获取系统资源。除此之外,不再使用其他请求方法,而在RESTful架构中,则约定了GET方法用来获取资源,POST方法用来新建资源,PUT方法用来更新资源,DELETE方法用来删除资源。测试人员在做接口测试时,应和开发人员进行沟通,明确项目采用何种标准设计接口。

3)常见的请求头部字段

常用请求头部字段,见表4.3。

表 4.3　常用请求头部字段

协议头	说明
Accept	可接受的响应内容类型
Authorization	用于表示 HTTP 协议中需要认证资源的认证信息
Cookie	HTTP 协议 Cookie
Content-Length	以八进制表示的请求体的长度
Content-Type	请求体的 MIME 类型
Host	表示服务器的域名以及服务器所监听的端口号
User-Agent	浏览器的身份标识字符串

4）常见的请求数据格式

互联网上有数千种不同的数据类型，为了使客户端和服务器更容易交换信息，HTTP 为每种数据类型都打上了 MIME 类型的数据格式标签，完整的 MIME 类型清单可以在相关网站上进行查询。

（1）form-data

form-data 常用于提交表单数据，其 Content-Type 格式为 multipart/form-data;boundary=<boundary>，其中 multipart 指明了数据传递是分段进行传递的，form-data 说明提交的是表单数据，在提交表单数据时一定要注意设置 boundary 的值，boundary 用于隔离各个字段，使用 boundary 时应确保与各个字段的 boundary 一致。语法如下：

```
POST https://auth.uber.com/login/handleanswer HTTP/1.1  Content-
Type:multipart/form-data;boundary=------------------------
959927892542243716085660

------------------------959927892542243716085660
Content-Disposition:form-data;name="user"

test
------------------------959927892542243716085660
Content-Disposition:form-data;name="password"

123456
------------------------959927892542243716085660--
```

（2）x-www-form-urlencoded

x-www-form-urlencoded 同样用于提交表单数据，其 Content-Type 格式为 application/x-www-form-urlencoded。与form-data相比，x-www-form-urlencoded对数据做了格式化处理，提交数据量大大减少。x-www-form-urlencoded数据是以键值对的方式组织，多条数据之间用"&"符号进行连接。语法如下：

```
POST https://auth.uber.com/login/handleanswer HTTP/1.1  Content-Type:
application/x-www-form-urlencoded

user=test&password=123456
```

（3）JSON

JSON是目前最为流行的数据格式，Content-Type格式为application/json。JSON格式是一种轻量级数据交换格式，数据是以数据对象的方式进行组织的，用一对大括号表示一个数据对象，数据对象由多条数据项构成，每条数据项都是以冒号分割的键值对。数据项的键是一个字符串，用来表示数据的名字；而数据项的值可以是对象、数组、数字、布尔值或者字符串。JSON格式易于阅读和编写，各大编程语言都能很好地支持JSON对象解析与生成，测试人员应熟练掌握这个数据格式。语法如下：

```
POST https://auth.uber.com/login/handleanswer HTTP/1.1  Content-
Type:application/json

{"user":"test","password":"123456"}
```

（4）XML

XML格式在JSON格式出现以前是一种比较通用的数据格式，目前也有广泛的应用，Content-Type格式为application/xml。XML格式是一种标记语言，每条数据都由一个开始标记、一个结束标记和两个标记之间的内容构成，同时可以在开始标记中增加属性对数据项进行说明。语法如下：

```
POST https://auth.uber.com/login/handleanswer HTTP/1.1  Content-Type:
application/xml

<user>
  <name type="string">test</name>
  <password>123456</password>
</user>
```

4.2.4　HTTP响应

1）响应格式

与请求格式类似，HTTP响应格式也是由首行、响应头部、响应数据构成的，如图4.2所示。

图 4.2　HTTP 响应格式

以登录测试系统为例,代码如下:

```
HTTP/1.1   200 OK
Cache-Control: private
Pragma: no-cache
Content-Type: application/json; charset=utf-8
…
Set-Cookie:……
Date: Wed,14Jul202102:31:03GMT
Content-Length: 137

{"result": {"should": false}}
```

响应报文格式和请求报文类似,也是由首行、头部和主体 3 个部分构成的。首行展示整个请求完成的情况,分别由协议版本、状态码、状态码描述构成。其中,状态码指示请求处理状态,其余部分与请求报文类似,这里不再赘述。

2)响应状态码

响应状态码为客户端提供整个请求事务处理结果,通过分析状态码不同的数值,可以快速地分析整个请求事务处理的完成情况。常用响应码见表 4.4。

表 4.4　常用响应码

状态码	原因短语	代表含义
信息状态码		
100	Continue	客户端应当继续发送请求
101	SwitchingProtocol	服务器将通过 Upgrade 消息头通知客户端采用不同的协议来完成这个请求
成功状态码		
200	OK	请求成功
201	Created	请求成功,而且有一个新的资源已经依据请求的需要而建立
202	Accepted	服务器已接收请求,但尚未处理

续表

状态码	原因短语	代表含义
重定向状态码		
301	MovedPermanently	所请求的 URL 资源路径已经改变
302	Found	所请求的 URL 资源路径临时改变,并且还可能继续改变
303	SeeOther	服务器发送该响应用来引导客户端使用 GET 方法访问另一个 URL
304	NotModified	告诉客户端,所请求的内容距离上一次访问并没有变化,客户端可以直接从浏览器缓存里获取该资源
客户端错误状态码		
400	BadRequest	发送请求语法错误,服务器无法正常读取
401	Unauthorized	需要身份验证后才能获取所请求的内容
403	Forbidden	客户端没有权利访问所请求的内容,服务器拒绝本次请求
404	NotFound	服务器找不到所请求的资源,由于经常发生此种情况,所以该状态码是十分常见的
服务器错误状态码		
500	InternalServerError	服务器遇到未知的无法解决的问题
502	BadGateway	服务器作为网关且从上游服务器获取到一个无效的 HTTP 响应
503	ServiceUnavailable	由于临时服务器维护或者过载,服务器当前无法处理请求
504	GatewayTimeout	服务器作为网关且不能从上游服务器及时得到响应返回给客户端

3)常用的响应头部字段

常用的响应头部字段,见表 4.5。

表 4.5　常用的响应头部字段

应答头	说明
Allow	服务器支持哪些请求方法(如 GET、POST 等)
Content-Length	表示内容长度
Content-Type	表示后面的文档属于什么 MIME 类型
Date	当前的 GMT 时间
Expires	文档过期时间,文档过期后不再缓存
Last-Modified	文档的最后改动时间
Set-Cookie	设置和页面关联的 Cookie

4.2.5 HTTP 案例分析

1）使用浏览器调试工具分析 HTTP 协议

①打开 Chrome 浏览器，按下快捷键"F12"，打开浏览器的调试工具，并切换浏览器到 Network 标签页，如图 4.3 所示。

图 4.3　Chrome 调试工具

②在地址栏中输入"www.baidu.com"并回车，观察 Network 标签页的内容。

③单击第一个请求，观察请求内容。

2）利用 curl 工具观察 HTTP 协议内容

①按下"Win+R"键，输入"cmd"，打开 Windows 命令提示符，如图 4.4 所示。

②在命令提示符中输入"curl -v www.baidu.com"，观察输出内容。

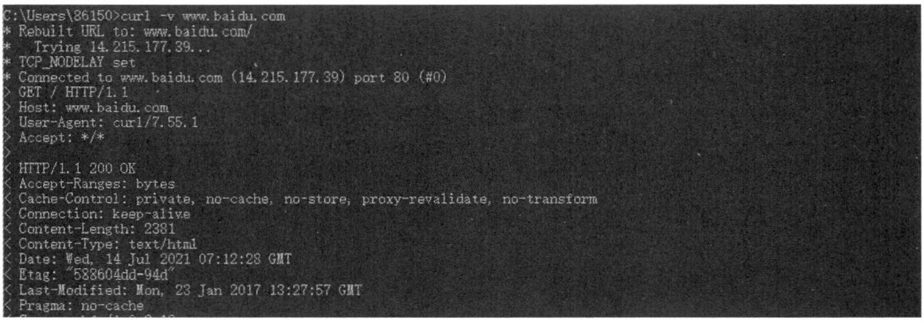

图 4.4　curl 示例

4.3　Postman 接口测试工具快速上手

4.3.1　安装和配置 Postman

访问 Postman 官网，根据当前使用的操作系统选择合适的版本进行下载，Postman 下载完成后默认安装即可,如图 4.5 所示。

图 4.5 下载 Postman

4.3.2 认识 Postman

Postman 工作区,如图 4.6 所示。

图 4.6 Postman 工作区

工具栏:工具栏包括常用的菜单选项。

功能区:功能区包括常用的功能。

导航栏:导航栏提供了项目导航功能,在不同功能下导航栏的内容会发生变化。

工作区:工作区为主要的工作区域,在工作区可以对请求地址、参数等数据进行配置,执行操作观察结果。

4.4 使用 Postman 调用 API 接口

4.4.1 调用 GET 请求

GET 请求方法用于从远端服务请求数据。下列 URL 地址演示使用 Postman 调用 GET 请求获取用户信息的操作方法:

```
https://jsonplaceholder.typicode.com/users
```

单击 Workspaces 切换到工作空间，找到 New 按钮创建一个新请求，在弹出的界面中选择"HTTP Request"，如图 4.7 所示。

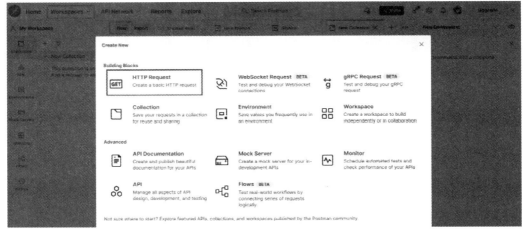

图 4.7　发起请求

在新建的工作区中，按下图操作步骤进行操作，如图 4.8 所示。

①请求方法选择 GET。

②输入要请求的地址。

③单击"Send"按钮，发送请求。

④观察接口返回状态码，如果为 200，则说明接口请求成功。

⑤观察返回值是否正确。

图 4.8　设置请求参数

注意:使用 Postman 发起请求时可能会出现各种类型的错误,如身份认证失败(401)、错误的 URL 地址(404)、请求过多(429)等。用户需要根据返回状态码以及返回错误信息进行分析,找到出错原因并予以解决。

4.4.2　调用 POST 请求

与 GET 请求主要用于从远端服务获取数据不同,POST 请求常用于向远端服务提交数据。将使用下列 URL 地址演示向远端服务提交用户数据并要求远端服务创建新用户的操作方法:

```
https://jsonplaceholder.typicode.com/users
```

该地址和上一个案例使用的地址是一致的,其区别在于使用的请求方法,上一个案例使用 GET 方法获取数据,这个案例使用 POST 方法提交数据。

按照 GET 请求案例的操作方法,新建一个请求,并将请求方法设置为 POST,与请求地址保持一致。需要注意的是,使用 POST 方法,需要提交数据,POST 提交数据一般采用 Body(请求体)进行定义,如图 4.9 所示中③标注的位置。

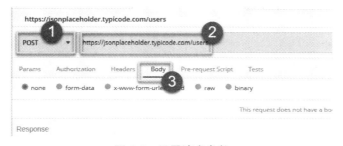

图 4.9　设置请求参数

使用 Body 提交数据,可以采用多种类型的数据结构进行数据组织,具体采用何种数据格式,需要服从远端接口的设计。在该案例中,采用的是 JSON 格式,具体操作步骤如下:

①选择格式 Body 数据为 raw,代表将原样提交数据。

②选择数据格式为 JSON(application/json),如图 4.10 所示。

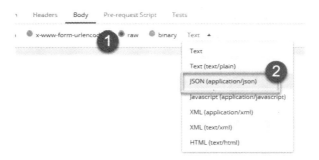

图 4.10　设置请求参数

③按照 JSON 格式要求输入用户数据,如图 4.11 所示。代码如下:

```
[{
    "id": 11,
    "name": "Krishna Rungta",
    "username": "Bret",
    "email": "Sincere@april.biz",
    "address": {
      "street": "Kulas Light",
      "suite": "Apt. 556",
      "city": "Gwenborough",
      "zipcode": "92998-3874",
      "geo": {
        "lat": "-37.3159",
        "lng": "81.1496"
      }
    },
    "phone": "1-770-736-8031 x56442",
    "website": "hildegard.org",
    "company": {
      "name": "Romaguera-Crona",
      "catchPhrase": "Multi-layered client-server neural-net",
      "bs": "harness real-time e-markets"
    }
}]
```

图 4.11　设置请求参数

④单击"Send"按钮,调用接口,并观察接口返回状态码和响应数据,如图 4.12 所示。

图 4.12　发起请求

4.4.3　参数化请求

数据参数化是 Postman 最有用的功能之一,可以使用带参数的变量,避免反复创建相同的请求,这些数据参数可以来自数据文件或环境变量。

参数是通过使用双花括号创建的:{{sample}}。来看一个在前面请求中使用参数的示例,如图 4.13 所示。

图 4.13　参数化请求

下面完成一个参数化查询,将主机地址替换为参数 url,请求方法设置为 GET,单击"Send"按钮,如图 4.14 所示。

图 4.14　未设置参数值

由于还未对参数 url 进行任何配置,使用 url 参数拼接的网址是一个非法网址,所以此时是无法获取到响应数据的。

下面通过设置环境变量的方式为参数 url 设置数值,找到下图标注的眼睛图标查看当前环境配置,可以看到弹出的界面中有上、下两个分区。上面分区 Environment 配置的是独立的测试环境,在创建 Environment 之后,需要在请求时选择才能生效,下面分区 Globals 配置的是全局环境,全局环境无须引用,会在所有的请求中生效,如图 4.15 所示。

图 4.15　设置参数值

单击图 4.15 中②标注的"Edit"按钮,在弹出的界面中添加 url 参数,设置值为"https://jsonplaceholder.typicode.com",保存配置,如图 4.16 所示。

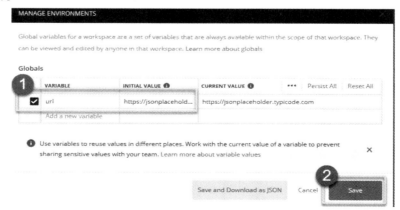

图 4.16　设置参数值

回到 GET 请求页签,再次单击"Send"按钮,观察现象,如图 4.17 所示。

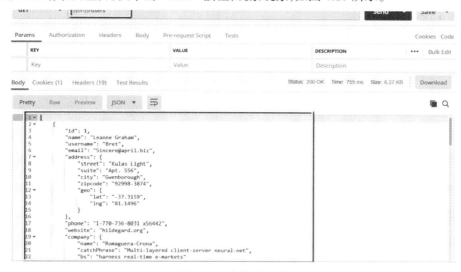

图 4.17　参数化请求

4.5　Postman 接口测试

4.5.1　Postman 测试用例

Postman 测试用例是一系列添加到接口请求中的 JavaScript 代码,使用 Postman 测试用例可帮助我们验证请求结果,例如,成功或失败状态、与预期结果的比较等。构建 Postman 测试用例时,通常使用 pm 对象,pm 对象包括与请求相关的所有数据和一些断言方法,可以使用它对请求进行个性化定制和对请求的响应进行验证。

使用 Postman 对上一个案例中的参数化请求进行一些基本的 API 测试。切换到上一个案例中的请求页签,单击"Tests"选项卡,打开工作区,工作区分为左、右两个部分,左侧是代码编辑区,右侧是一些常用的代码片段。在代码片段区域,找到"Status code: Code is 200",这个代码片段用来验证请求响应状态码是否为"200",如图 4.18 所示。

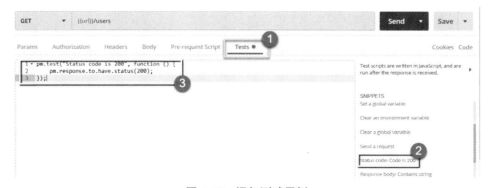

图 4.18　添加测试用例

单击"Send"按钮,在相应结果区域找到"Test Results"选项卡并单击,观察测试用例的执行结果,如图 4.19 所示。

图 4.19　验证测试结果

下面对接口返回值做一个验证,找到代码片段"Response body:JSON value check",这个片段是用来验证 JSON 响应的,如图 4.20 所示。

图 4.20　验证响应数据

由观察测试的 users 接口响应值可知,这个接口返回信息为用户信息,现在验证 users 接口返回的 JSON 数据中第一个用户的姓名是否为"Leanne Graham"。对上一步系统生成的代码片段做如下修改,如图 4.21 所示。

```
1  pm.test("Status code is 200", function () {
2      pm.response.to.have.status(200);
3  });
4  pm.test("验证ID为1的用户姓名是否是 Leanne Graham", function () {
5      var jsonData = pm.response.json();
6      pm.expect(jsonData[0].name).to.eql("Leanne Graham");
7  });
```

图 4.21　验证响应数据

单击"Send"按钮,观察测试结果,如图 4.22 所示。

图 4.22　验证响应数据

4.5.2 创建测试集 Collections

测试集 Collections 在组织测试套件中起着重要作用，它可以导入和导出以便在团队中共享，本节将学习如何创建和执行测试集合。

左侧功能区切换到"Collections"页签，单击"+"创建一个新的集合，修改集合名字为"Postman Test Collection"，保存集合，如图 4.23 所示。

图 4.23　创建测试集

将上面的案例请求保存到刚创建的集合中。切换到"请求"页签，单击"Save"按钮，如图 4.24 所示。

图 4.24　测试集添加测试接口

在"保存"的弹出框中选择"保存到"，与刚创建的集合中使用同样的方法，将 users 接口 POST 请求也加入集合中，如图 4.25 所示。

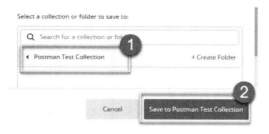

图 4.25　测试集添加测试接口

4.5.3　执行测试集

单击测试集，在测试集配置界面配置相关参数，测试集可以为当前要测试的接口集合配置认证方式，测试用例以及参数化配置，如图 4.26 所示。

图 4.26　执行测试集

下面为当前集合配置响应状态码，验证测试以及配置接口 url 地址，配置完成后保存配置，如

图 4.27 所示。

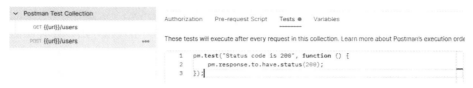

图 4.27 验证响应状态码

准备工作做完后,就可以开始对当前集合中的接口进行测试了,单击"Run"按钮即可,如图 4.28 所示。

图 4.28 运行测试集

单击后可以看到运行配置界面,在这个界面中可以选择执行哪些接口、调整接口执行顺序、配置接口执行次数和每个接口调用延迟等,本案例使用默认配置进行测试,如图 4.29 所示。

图 4.29 设置测试集运行规则

配置完成后,单击"Run Postman Test Collection",观察运行结果,如图 4.30 所示。

图 4.30 运行测试集

从图中可以看出,测试中通过了 3 个验证,失败了 1 个。失败的原因是 POST 接口状态码返回 201,与配置的 200 不一致。当遇到用例测试通不过时,需要谨慎分析原因,回顾 HTTP 协议相关知识，因为响应状态码以 2 开头都是正确的响应，所以这里未通过的原因并不是接口错误，而是用例配置不当，加以改正即可。修改全局测试用例代码如下，即可解决问题，如图 4.31 所示。

```
pm.test("Status code is 2xx", function () {
    pm.response.status>=200 && pm.response.status<300;
});
```

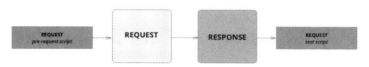

图 4.31　验证测试结果

4.5.4　编写 Postman 测试脚本

当Postman包含基于node.js的强大运行时，可以向请求和集合添加动态行为，编写测试套件，构建可以包含动态参数的请求，在请求之间传递数据等。

1）Postman 脚本执行顺序

可以在将请求发送到服务器之前和收到响应后 2 个事件期间添加个性化行为，发送请求前的代码在“Pre-request Script”选项卡中编写，用于初始化请求设置；收到响应后的代码在“Tests”选项卡中编写，用于验证请求是否正确完成。

在 Postman 发起单个请求时，执行顺序，如图 4.32 所示。

①在发送请求前，将执行与请求关联的 Pre-request Script 脚本。

②在发送请求后，将执行与请求关联的 Tests 脚本。

图 4.32　单个请求执行顺序

在 Postman 中执行测试集时，情况稍微复杂一些，脚本执行顺序受接口调用顺序和测试集全局配置的影响。执行顺序，如图 4.33 所示。

①与集合关联的 Pre-request Script 脚本在集合中的每个请求之前运行。

②与文件夹关联的 Pre-request Script 脚本在文件夹中的每个请求之前运行。

③与集合关联的 Tests 脚本将在集合中的每个请求之后运行。

④与文件夹关联的 Tests 脚本将在文件夹中的每个请求之后运行。

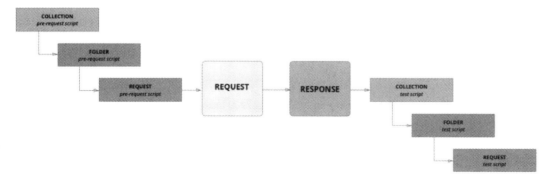

图 4.33　测试集执行顺序

对于集合中的每个请求,脚本将始终按照以下层次结构运行:集合→文件夹→请求。此执行顺序适用于 Pre-request Script 脚本和 Tests 脚本。

2)组织 BDD(行为驱动开发)风格的自动化测试用例

BDD 风格的自动化测试用例,在编写时采用链式调用构建断言,以接近自然语言的表达方式逐步约束断言内容,代码如下:

```
var expect = require('chai').expect
  , foo = 'bar'
  , beverages = {tea:['chai', 'matcha', 'oolong']};
expect(foo).to.be.a('string');// 断言变量 foo 类型为 string
expect(foo).to.equal('bar');// 断言变量 foo 值为 bar
expect(foo).to.have.lengthOf(3);// 断言 foo 变量长度为 3
expect(beverages).to.have.property('tea').with.lengthOf(3);
```

Postman 采用 Chai Assertion Library 作为断言的底层支撑框架,感兴趣的读者可以访问相关网站深入学习。

Chai Assertion Library 提供的链式结构中,一部分是为了提高阅读性而增加的自然语句,除了方便阅读,在功能上并没有任何作用;另一部分则是一系列的断言关键词,根据不同的语义对要断言的内容进行逐级断言,直到完成断言为止。

提高阅读性的自然语句有 to、be、been、is、that、which、and、has、have、with、at、of、same、but、does、still。

常用的断言语句如下:

① .eq/.equal/.gt/.gte/.greaterThan/.lt/.lte/.lessThan/.below: 比较需要断言的值和预期值的大小。

```
pm.expect(1).eq(1);
pm.expect(1).lte(2);
pm.expect(1).gte(0);
pm.expect(1).below(2);
```

② .property/.include/.oneOf/.exist: 断言属性或值是否存在。

```
pm.expect([1,2,3]).include(1)
pm.expect({"a":1}).property("a")
pm.expect(1).oneOf([1,2,3])
```

③ .true/.false/.null/.NaN/.undefine/.empty: 断言是否为特殊值。

```
expect(false).to.be.false;
expect(true).to.be.true;
expect(null).to.be.null;
expect(undefined).to.be.undefined;
```

```
expect(NaN).to.be.NaN;
expect([]).to.be.empty;
expect('').to.be.empty;
expect(new Set()).to.be.empty;
expect(new Map()).to.be.empty;
expect({}).to.be.empty;
expect([]).to.be.an('array').that.is.empty;
```

④ .not：否定在其之后的所有断言。

```
pm.expect({a: 1}).to.not.have.property('b');
```

⑤ .deep：将 .equal、.include、.members、.keys 和 .property 放在 .deep 链式之后，将导致使用深度相等的方式来代替严格相等。

```
expect({a: 1}).to.deep.equal({a: 1});
expect({a: 1}).to.not.equal({a: 1});
```

⑥ .nested：在其后使用的 .property 和 .include 断言中，可以使用 "." 和 "( )" 表示法。

```
expect({a: {b: ['x', 'y']}}).to.have.nested.property('a.b[1]');
expect({a: {b: ['x', 'y']}}).to.nested.include({'a.b[1]': 'y'});
expect({'.a': {'[b]': 'x'}}).to.have.nested.property('\\.a.\\[b\\]');
```

3）Postman 测试脚本编程基础

（1）pm 对象

在 Postman 测试脚本中，将大量使用 pm.* 执行 Postman JavaScript API 功能。pm 对象提供对请求和响应数据以及变量的访问，同时 pm 对象也提供了大量的方法帮助我们编写测试脚本。

（2）测试用例代码结构

```
pm.test("Status code is 200", function(){
  pm.response.to.have.status(200);
});
```

Postman 使用 pm.test 方法构建测试用例，其基本语法结构为：

```
pm.test(testName:String, specFunction:Function):Function
```

其中，testName 指定测试用例名称，在测试用例运行完成后显示该名称用例是否通过测试，specFunction 为自定义的断言方法，在 specFunction 中对数据或操作进行断言，断言语句可以是一个也可以是多个，只有所有断言都通过测试，才会将测试用例判定为通过。

（3）在脚本中使用变量

可以通过 pm 对象访问 Postman 中各个作用域下的变量值。在 Postman 中，变量的作用域划分为 Global/Collection/Environment/Data/Local，见表 4.6。

表 4.6 变量作用域

属性	作用域
pm.globals	Global
pm.collectionVariables	Collection
pm.environment	Environment
pm.iterationData	Data

①Global：在 Postman Globals 中配置的参数作用域为 Global。
②Collection：在 Postman Collections 中配置的参数作用域为 Collection。
③Environment：在自定义的 Environment 中配置的参数作用域为 Environment。
④Data：从文件中加载的参数作用域为 Data。
⑤Local：在测试脚本中定义的变量作用域为 Local。

pm 对象提供了 variables 属性，用于访问各个作用域下的变量，访问变量时如果存在不同作用域下定义了重名的参数，按照"Local"→"Data"→"Environment"→"Collection"→"Global"的顺序查找，直到找到对应的变量为止。代码如下：

```
pm.variables.set("score",100)
pm.variables.has("score")
pm.variables.get("score")
```

在实际应用中，为了避免代码难以理解，会使用严格限定变量作用域的方式访问和修改变量值，Postman 为每个作用域都提供了独立的访问属性，便于操作。

（4）在脚本中运用动态变量

Postman 使用 faker 库生成虚拟数据，可以生成随机名称、地址、电子邮件地址等数据。通过访问系统内置的动态变量，可以方便地获取到对应的数据，并且每次获取到的动态变量数据是不相同的，见表 4.7。

表 4.7 动态变量

动态变量名	变量取值说明	样例数据
$timestamp	时间戳	1562757107
$randomAlphaNumeric	数字或字母	6、"y"、"z"
$randomBoolean	bool 值	true、false
$randomInt	整数	802、494、200
$randomPassword	15 位密码	t9iXe7COoDKv8k3
$randomFullName	姓名	Jonathon Kunze

续表

动态变量名	变量取值说明	样例数据
$randomPhoneNumber	电话号码	700-008-5275
$randomImageUrl	图片地址	http://lorempixel.com/640/480

在 Postman 中，动态变量以 "$" 符号开头。在 Postman 中配置请求时，使用动态变量的方式和使用参数的方式是一致的。代码如下：

```
https://jsonplaceholder.typicode.com/users/{{$randomFirstName}}
```

在编写脚本时，需要使用 pm.variables.replaceIn（）获取动态变量的值。代码如下：

```
pm.variables.replaceIn('{{$randomFirstName}}')
```

（5）使用 pm.request 属性

pm.request 提供了设置请求和获取请求数据的支持，在 Pre-request Script 脚本中，pm.request 配置即将发起请求；在 Tests 脚本中，pm.request 对象获取刚刚完成请求的相关信息。代码如下：

```
// 获取请求地址
pm.request.url
// 获取请求头
pm.request.headers
// 向请求头中添加头信息
pm.request.headers.add({ key:"client-id", value:"abcdef"});
// 获取请求方法
pm.request.method
// 获取请求数据
pm.request.body
```

（6）使用 pm.response 属性

pm.response 属性提供了对获取响应数据的支持，只能在 Tests 脚本中使用 pm.response 属性。代码如下：

```
// 获取响应状态码
pm.response.code
// 获取响应状态
pm.response.status
// 获取响应头
pm.response.headers
// 获取响应时间
```

```
pm.response.responseTime
// 获取响应数据大小
pm.response.responseSize
// 获取文本表示的响应数据
pm.response.text()
// 获取JSON格式的响应数据
pm.response.json()
```

注意,在对响应数据进行断言时,需要使用pm.expect进行封装。代码如下:

```
pm.expect(pm.response.code).to.equal(200);
```

(7)使用Cookies

在对系统认证等特殊功能进行测试时,通常需要检测系统的Cookies使用是否合理,个性化配置Cookies等。Postman使用pm.cookies提供支持。代码如下:

```
const jar = pm.cookies.jar();
// 为域httpbin.org设置名为session-id的Cookie,Cookie值为abc123
jar.set("httpbin.org", "session-id", "abc123",(error, cookie)=>{
  if(error){
    console.error(`An error occurred: ${error}`);
  } else {
    console.log(`Cookie saved: ${cookie}`);
  }
});
// 获取域httpbin.org下名为session-id的Cookie值
jar.get("httpbin.org", "session-id",(error, cookie)=>{
  if(error){
    console.error('An error occurred: ${error}');
  } else {
    console.log('Cookie saved: ${cookie}');
  }
})
```

(8)脚本流程控制

在使用collection runner运行某个测试集时,有时会遇到根据不同响应调用不同接口的情况,这时固定的接口执行顺序不再满足我们的需求,我们需要在Tests脚本中指定下一个被调用的接口。

Postman为我们提供了postman.setNextRequest,帮助完成接口调用流程的个性化定制。

```
// 正常调用后一个接口
```

```
postman.setNextRequest(pm.environment.get('next'))
//终止流程
postman.setNextRequest(null)
//调用名为Get Users的接口
postman.setNextRequest('Get Users')
```

4)测试脚本案例

(1)验证响应状态码是否正确

```
pm.test("Status code is 200",()=>{
  pm.expect(pm.response.code).to.eql(200);
});
```

(2)对JSON类型的响应进行验证

```
pm.test("The response has all properties",()=>{
  //parse the response JSON and test three properties
  const responseJson = pm.response.json();
  pm.expect(responseJson.type).to.eql('vip');
  pm.expect(responseJson.name).to.be.a('string');
  pm.expect(responseJson.id).to.have.lengthOf(1);
});
```

(3)验证未解析的响应值

```
pm.test("Body contains string",()=>{
  pm.expect(pm.response.text()).to.include("customer_id");
});
```

(4)验证响应头

```
pm.test("Content-Type header is present",()=>{
  pm.response.to.have.header("Content-Type");
});
pm.test("Content-Type header is application/json",()=>{
  pm.expect(pm.response.headers.get('Content-Type')).to.eql('application/json');
});
```

(5)验证Cookies

```
pm.test("Cookie JSESSIONID is present",()=>{
  pm.expect(pm.cookies.has('JSESSIONID')).to.be.true;
```

```
});
pm.test("Cookie isLoggedIn has value 1",()=>{
  pm.expect(pm.cookies.get('isLoggedIn')).to.eql('1');
});
```

(6)验证响应时间

```
pm.test("Response time is less than 200ms",()=>{
  pm.expect(pm.response.responseTime).to.be.below(200);
});
```

(7)验证响应数据类型

```
const jsonData = pm.response.json();
pm.test("Test data type of the response",()=>{
  pm.expect(jsonData).to.be.an("object");
  pm.expect(jsonData.name).to.be.a("string");
  pm.expect(jsonData.age).to.be.a("number");
  pm.expect(jsonData.hobbies).to.be.an("array");
  pm.expect(jsonData.website).to.be.undefined;
  pm.expect(jsonData.email).to.be.null;
});
```

(8)验证数组类型数据

```
const jsonData = pm.response.json();
pm.test("Test array properties",()=>{
  //errors array is empty
  pm.expect(jsonData.errors).to.be.empty;
  //areas includes "goods"
  pm.expect(jsonData.areas).to.include("goods");
  //get the notification settings object
  const notificationSettings = jsonData.settings.find(m => m.type === "notification");
  pm.expect(notificationSettings).to.be.an("object", "Could not find the setting");
  //detail array should include "sms"
  pm.expect(notificationSettings.detail).to.include("sms");
  //detail array should include all listed
  pm.expect(notificationSettings.detail).to.have.members(["email","sms"]);
});
```

（9）验证对象类型数据

```
pm.expect({a:1, b:2}).to.have.all.keys('a', 'b');
pm.expect({a:1, b:2}).to.have.any.keys('a', 'b');
pm.expect({a:1, b:2}).to.not.have.any.keys('c', 'd');
pm.expect({a:1}).to.have.property('a');
pm.expect({a:1, b:2}).to.be.an('object').that.has.all.keys('a', 'b');
```

（10）验证响应数据结构

```
const schema = {"items": {"type": "boolean"}};
const data1 = [true, false];
const data2 = [true, 123];

pm.test('Schema is valid', function(){
  pm.expect(tv4.validate(data1, schema)).to.be.true;
  pm.expect(tv4.validate(data2, schema)).to.be.true;
});
```

4.6 案例：测试 PetStore 接口

本节将以开源项目 PetStore 作为案例，实现对 PetStore 接口的测试。PetStore 项目地址为 https://petstore.swagger.io，该项目本身模拟了一个宠物店管理系统。在本节中，将测试在宠物店中添加新的宠物→查询新添加的宠物信息→修改宠物状态为已售出→删除宠物信息这 4 个接口。

接口地址为 https://petstore.swagger.io/v2，见表 4.8。

表 4.8 接口请求样例

请求样例	接口说明

POST /v2/pet HTTP/1.1   Host: petstore.swagger.io
Content-Type: application/json
Content-Length: 82
 	
{
  "id": 1642059354,
  "name": "my dog 1642059354",
  "status": "available"
}
	使用 POST 方法在商店中创建新的宠物，提交数据为 JSON 格式，其中 id 为整型数字，用于标识宠物；name 为宠物名称，status 为宠物当前状态，有 available（在售）、sold（已售出）、pending（未开售）3 种状态可选

GET /v2/pet/1642059354 HTTP/1.1 Host: petstore.swagger.io	使用宠物 ID 查询宠物信息，使用 GET 方法发起请求，样例中 1642059354 为宠物 ID

续表

请求样例	接口说明
POST /v2/pet/1642059354 HTTP/1.1　　Host: petstore.swagger.io Content-Type: application/x-www-form-urlencoded Content-Length: 38 name=my%20dog%201642059354&status=sold	修改指定 ID 的宠物信息，可以修改宠物名称和状态，其中 1642059354 为宠物 ID，提交数据格式为 x-www-form-urlencoded
DELETE /v2/pet/1642059354 HTTP/1.1　　Host: petstore.swagger.io	使用宠物 ID 删除宠物信息，使用 DELETE 方法发起请求，样例中 1642059354 为宠物 ID

注意：PetStore 项目为方便学习使用，在获取宠物信息、修改宠物信息和删除宠物 3 个接口中特意增加了 404 错误响应，在调用接口时，200/404 响应会交替出现，后续案例会根据这一特点做个性化处理。

（1）创建测试集

根据前面章节所学的内容，创建一个名为 PetStore 的 Collection，并在 Collection 中添加变量 url，变量值设置为 https://petstore.swagger.io/v2，如图 4.34 所示。

图 4.34　设置测试集

（2）在测试集中添加创建宠物接口

根据前面所学的知识，在测试集中添加一个 Request，并将请求名称设置为 addPet，如图 4.35 所示。请求方法设置为 POST，请求地址设置为 {{url}}/pet。

请思考：转换后的请求地址是什么？

图 4.35　添加创建宠物接口

在创建宠物时，需要为宠物指定 ID 和宠物名，这里利用 Postman 提供的动态变量功能完成此项功能。

切换选项卡到 Pre-request Script，编写如下代码，如图 4.36 所示。

图 4.36　设置变量值

使用动态变量 $timestamp 生成宠物 ID,动态变量 $randomLastName 生成宠物名字,并将生成的数据设置为作用域范围是 Collection 的参数。

准备好需要的数据后,就可以开始构建请求数据。这里使用 JSON 格式提交请求数据,切换到"Body"选项卡,数据类型选择 raw,数据格式选择 JSON,填入如下数据内容,其中 id 和 name 数据来自上一步的动态变量,将 status 设置为"available"(在售中),如图 4.37 所示。

图 4.37　设置请求参数

单击"Send"接口按钮,观察接口是否能够被正确调用,如图 4.38 所示。

图 4.38　测试接口的连通性

此时,观察测试集变量,可以看到测试集中新增了两个变量:petId 和 petName,如图 4.39 所示。

图 4.39　添加变量

(3)在测试集中添加获取宠物信息的接口

在测试集中添加一个请求,并将请求名称设置为 getPet,请求方法设置为 GET,请求地址设置为 {{url}}/pet/{{petId}},单击"Send",观察测试结果,如图 4.40 所示。

注意:由于 PetStore 的特殊机制,发起请求时可能返回 [404]Pet not found 错误,再次单击"Send"按钮后观察结果。

图 4.40　添加获取宠物信息接口

（4）在测试集中添加修改宠物接口

下面测试宠物售出功能，具体操作方法为调用修改宠物接口，将宠物状态设置为 sold，与创建宠物一样，修改宠物接口也使用 POST 方法，不同之处在于修改宠物接口方法要求传递 Form Data 类型的数据，如图 4.41 所示。

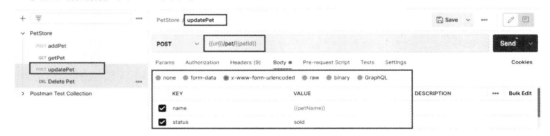

图 4.41　添加更新宠物信息接口

（5）在测试集中添加和删除宠物接口

删除宠物接口和获取宠物信息接口基本一致，只需将请求方法设置为 DELETE 即可，如图 4.42 所示。

图 4.42　添加删除宠物信息接口

（6）编写测试用例代码

测试接口添加完成后，需要添加对接口的测试。首先，对接口的响应状态码进行验证，理论上，期望所有接口响应状态码都是 200，也就是说，希望所有接口都能够正确地提供服务。针对添加的 4 个接口，切换到"Tests"选项卡，代码如下：

```
pm.test("响应状态码等于200", function(){
    pm.response.to.have.status(200);
});
```

其次，针对不同的接口，需要为每个接口定制测试用例以确保测试的覆盖率。

创建宠物接口需要验证新创建的宠物 id、name 设置正确、宠物状态为在售中。代码如下：

```javascript
pm.test("宠物id,name设置正确",function(){
  var jsonData = pm.response.json();
  pm.expect(jsonData.id).to.eql(
      parseInt(pm.collectionVariables.get("petId")));
  pm.expect(jsonData.name).to.eql(pm.collectionVariables.get("petName"));
});
pm.test("宠物状态为在售中",function(){
  var jsonData = pm.response.json();
  pm.expect(jsonData.status).to.eql('available');
});
```

获取宠物信息接口后，需要验证宠物信息获取结果正确。代码如下：

```javascript
pm.test("获取正确的宠物信息",function(){
  var jsonData = pm.response.json();
  pm.expect(jsonData.id).to.eql(
      parseInt(pm.collectionVariables.get("petId")));
  pm.expect(jsonData.name).to.eql(pm.collectionVariables.get("petName"));
  pm.expect(jsonData.status).to.eql('available');
});
```

修改宠物信息接口，需要验证修改操作正确，即验证响应值 code 为 200。代码如下：

```javascript
pm.test("正确完成修改操作",function(){
  var jsonData = pm.response.json();
  pm.expect(jsonData.code).to.eql(200);
});
```

此处，还应该验证操作后的数据是否正确修改，做法是再次调用 getPet 接口，比对数据，请读者独立思考并完成此项验证。

最后，删除接口时我们不做额外的功能验证操作，而是选择添加一个性能测试用例，验证删除操作能够在 1 s 内完成。代码如下：

```javascript
pm.test("响应时间少于1s",function(){
  pm.expect(pm.response.responseTime).to.be.below(1000);
});
```

（7）运行测试集，分析运行结果

选择测试集 PetStore，单击"Run"按钮，打开测试集的运行配置界面，在运行配置界面中，不做任何修改，直接单击"Run PetStore"按钮运行测试集，如图 4.43 所示。

图 4.43　运行测试集

运行结果，如图 4.44 所示（可能结果会不一致，请同学们自行分析不一致的原因）。

图 4.44　分析测试结果

从图 4.44 中可以看出，在运行结果中存在响应状态码不是 200 的情况，原因是 PetStore 存在交替正确错误结果的机制。添加测试代码加以处理，处理思路是响应状态码为 404 时，重新发起请求，如图 4.45—图 4.47 所示。

图 4.45　处理 404 状态码 1

```
PetStore / updatePet

POST    {{url}}/pet/{{petId}}

Params   Authorization   Headers (9)   Body   Pre-request Script   Tests ●   Settings

1  if(pm.response.code == 404){
2      postman.setNextRequest("updatePet")
3  }
4  pm.test("响应状态码等于200", function () {
5      pm.response.to.have.status(200);
6  });
7  pm.test("正确完成修改操作", function () {
8      var jsonData = pm.response.json();
9      pm.expect(jsonData.code).to.eql(200);
10 });
```

图 4.46　处理 404 状态码 2

```
PetStore / deletePet

DELETE    {{url}}/{{petId}}

Params   Authorization   Headers (7)   Body   Pre-request Script   Tests ●   Settings

1  if(pm.response.code == 404){
2      postman.setNextRequest("deletePet")
3  }
4  pm.test("响应状态码等于200", function () {
5      pm.response.to.have.status(200);
6  });
7  pm.test("响应时间少于1s", function () {
8      pm.expect(pm.response.responseTime).to.be.below(1000);
9  });
```

图 4.47　处理 404 状态码 3

再次执行测试集，观察结果，如图 4.48 所示。

图 4.48　修复 404 问题后测试结果

从图 4.48 中可以看出，虽然获取数据接口和修改数据接口在重试时能够通过验证，但是删除宠物接口一直在重试，原因在于删除宠物接口时存在一个 Bug，只能删除在售的宠物，导致删除宠物用例反复执行，记录这个 Bug，等待程序员解决 Bug 后，再次运行测试集对项目进行测试。

课后习题

1. 简述接口测试的要素。

2. 简述接口功能测试的测试要点。

3. 按照以下要求，使用 Postman 测试工具对站点 http://jsonplaceholder.typicode.com 文章投递功能进行接口测试：

（1）创建并设置测试集：创建测试集 jsonplaceholder，在测试集中添加参数 base_url，初始值为 http://jsonplaceholder.typicode.com；参数 id，初始值为 1。

（2）使用 Get 请求获取所有文章信息，请求地址：{{base_url}}/posts。

（3）使用 Post 请求添加一篇文章，文章相关信息以 json 格式提交到服务器，数据格式参考上一步设置，数据提交地址 {{base_url}}/posts。

（4）使用 Get 请求查看 id 参数对应的文章，请求地址：{{base_url}}/posts/{{id}}。

（5）使用 Get 请求查看 id 参数对应文章下的评论信息，请求地址：{{base_url}}/posts/{{id}}/comments。

（6）使用 Post 请求修改 id 参数对应的文章，将文章内容设置为空，请求地址：{{base_url}}/posts/{{id}}。

（7）使用 Delete 请求删除 id 参数对应的文章，请求地址：{{base_url}}/posts/{{id}}。

（8）为上述请求编写测试用例脚本，对请求返回状态码进行测试，并运行测试集 jsonplaceholder，生成测试报告。

第 5 章　JMeter 接口测试

Apache JMeter 是一款 Java 编写的开源软件,最初由 Apache 软件基金会的 Stefano Mazzocchi 开发。它被设计用于测试软件的功能行为和测量性能。JMeter 最初主要用于 Web 和 FTP 应用程序的测试,但随着时间的推移,它的应用范围已经扩展到包括功能测试和数据库服务器测试等多个领域。

【学习目标】

- ◆ 掌握 JMeter 测试工具的安装与配置方法;
- ◆ 掌握 JMeter 测试工具常用元件的使用方法;
- ◆ 掌握 JMeter 测试工具的基本使用方法;
- ◆ 掌握使用 JMeter 测试工具开展性能测试的方法。

5.1　JMeter 安装配置

JMeter 是一个纯 Java 开发的应用程序,可以在任何具有兼容 Java 实现的系统上正确运行,这些系统包括 Windows、Linux、MacOS 等主流操作系统。

1)安装 Java SDK

由于 JMeter 是纯 Java 桌面应用程序,在安装 JMeter 前,需要先安装 Java 运行环境,可以从 Oracle 官网上下载合适的 JDK 版本进行安装。

安装包下载完成后,双击安装包进行安装,安装时使用默认配置即可,如图 5.1 所示。

图 5.1　JDK 安装

JDK 安装完成后,需要验证 JDK 安装是否正确。验证方法:打开命令提示符工具,在命令提示符中输入"java –version"命令,观察是否正确显示 Java 版本,如图 5.2 所示。

图 5.2　验证 JDK 安装是否正确

2)下载 JMeter

访问 JMeter 官方提供的下载地址,找到最新版本的 JMeter 进行下载,下载时需要注意,JMeter 提供应用程序和源代码两种类型的下载。下载 Binaries 类别下的文件,如图 5.3 所示。

图 5.3　下载 JMeter

3)安装 JMeter

JMeter 的安装非常简单,只需将 zip 文件解压缩到要安装 JMeter 的目录中就可完成 JMeter 的安装。

4)启动 JMeter

JMeter 提供 3 种不同的启动模式:图形界面启动、命令行启动和服务器模式。

(1)图形界面启动

对于初学者来说,选择图形界面启动更有利于开展学习活动。找到 JMeter 解压目录下的 "/bin/jmeter.bat"文件,双击即可启动 JMeter,如图 5.4 所示。

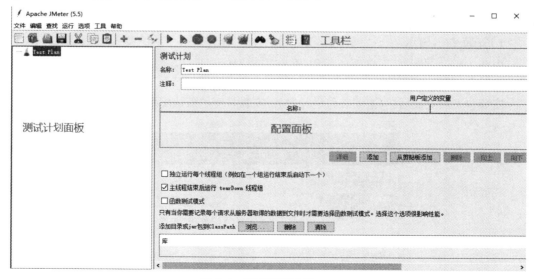

图 5.4　图形界面启动

（2）命令行启动

GUI 模式下的 JMeter 会消耗大量计算机内存。为了节省资源，我们可以选择在没有 GUI 的情况下运行 JMeter。请使用下列命令选项通过命令行启动 JMeter。

```
jmeter -n -t testPlan.jmx -l log.jtl -H 127.0.0.1 -P 8000

-n:指定 JMeter 在命令行模式下运行
-t:指定需要装载的测试计划文件
-l:指定运行日志文件
-H:指定运行主机地址
-P:指定运行端口地址
```

（3）服务器模式

服务器模式用于分布式测试，采用客户机－服务器模型。在此模型中，JMeter 以服务器模式在服务器计算机上运行。在客户端计算机上，JMeter 以 GUI 模式运行。要启动服务器模式，请运行 bat 文件 "bin\jmeter-server.bat"。

5.2 使用 JMeter 测试接口

JMeter 的各类型组件都被称为元件，如图 5.5 所示。每个元件都是为特定目的而设计的。一次性研究所有元件会让人产生困惑和厌烦。在本小节中只讨论在 JMeter 中开始测试之前必须知道的组件，如线程组、取样器、监听器和配置元件。

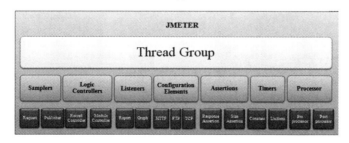

图 5.5　JMeter 元件

1）线程组

线程组是线程的集合，每个线程代表一个使用被测应用程序的用户。通常每个线程模拟一个真实用户，线程组允许设置每个组的线程数。例如，如果将线程数设置为 100，JMeter 将创建并模拟 100 个用户对测试服务器的请求，线程组的工作流程如图 5.6 所示。

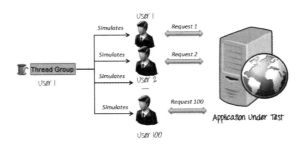

图 5.6　线程组的工作流程

2）取样器

线程组是模拟用户对服务器的请求。如何知道需要发出哪种类型的请求？答案是取样器，如图 5.7 所示。通过配置不同的取样器，JMeter 支持测试 HTTP、FTP、JDBC 等请求协议。

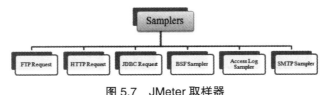

图 5.7　JMeter 取样器

（1）HTTP 请求

HTTP 请求取样器是测试 Web 系统常用的取样器，它允许线程向 Web 服务器发送 HTTP/HTTPS 请求。参考如下示例（图 5.8），JMeter 向百度网站发送 HTTP 请求。

图 5.8　HTTP 请求

（2）FTP 请求

可以使用 JMeter 中的 FTP 请求取样器来完成对 FTP 服务的测试，FTP 请求取样器允许线程向 FTP 服务器发送 FTP 下载文件或上传文件请求，如图 5.9 所示。

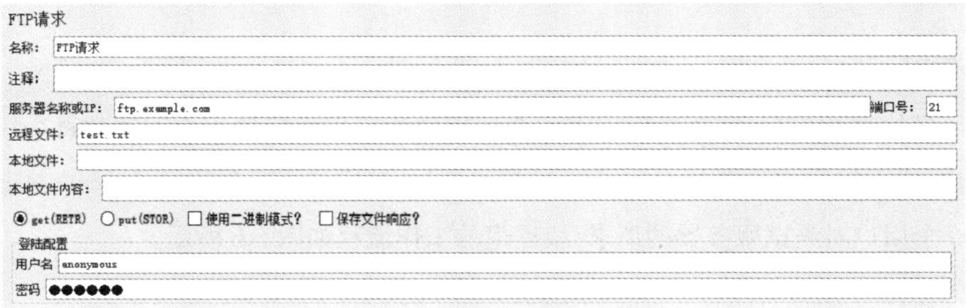

图 5.9　FTP 请求取样器

（3）JDBC 请求

JDBC 请求取样器允许线程执行数据库性能测试。它向数据库发送 SQL 查询，例如，数据库服务器中有个表 test_tbl，表中存在字段 test_result，希望从数据库服务器中查询此数据，可以将 JMeter 配置为向该服务器发送 SQL 查询以检索数据，如图 5.10 所示。

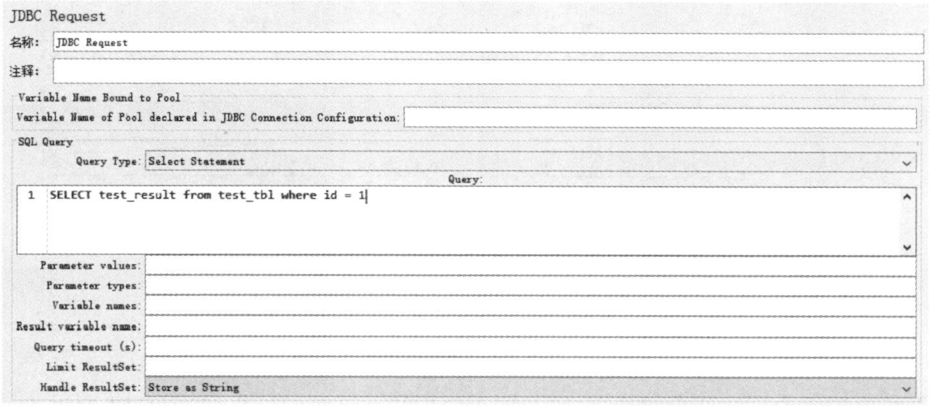

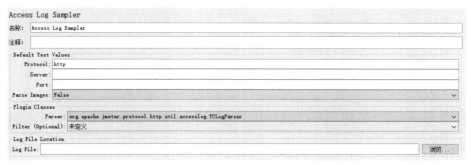

图 5.10　JDBC 请求取样器

（4）访问日志取样器

访问日志取样器允许读取访问日志并生成 HTTP 请求，如图 5.11 所示。

图 5.11　访问日志取样器

3）监听器

监听器显示测试执行的结果，如图 5.12 所示。它们可以用不同格式显示结果，例如，树、表、图形或日志文件。

图 5.12　监听器

图形结果监听器实时以图形的方式显示服务器响应时间和运行情况,如图 5.13 所示。

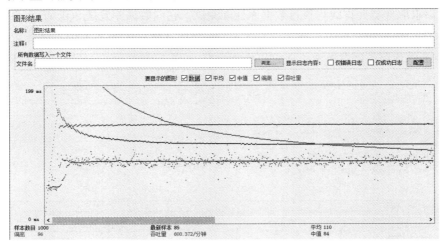

图 5.13 图形结果

查看结果树逐个展示请求的执行情况,便于分析和调试测试过程,如图 5.14 所示。

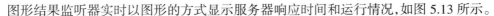

图 5.14 查看结果树

表格结果以表格格式显示测试结果摘要,如图 5.15 所示。

图 5.15 表格结果

4)配置元件

配置元件主要用于设置默认值和变量,为取样器提供默认配置。如图 5.16 所示,显示了 JMeter 中一些常用的配置元件。

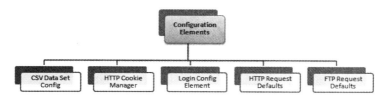

图 5.16　配置元件

(1)HTTP 请求默认值

HTTP 请求默认值允许设置 HTTP 请求取样器使用的默认值,例如,向百度服务器发送 100 个 HTTP 请求时,如果没有设置默认值,就必须手动输入服务器的域名并重复这个动作 100 次。如果添加一个 HTTP 请求默认值,并配置了"服务器名或 IP"字段,那么就不需要在每个 HTTP 请求取样器中重复配置域名,如图 5.17 所示。

图 5.17　HTTP 请求默认值

(2)CSV 数据文件配置

CSV 数据文件配置允许加载外部数据进行测试。例如,在测试网站时,如果需要 100 个用户使用不同的凭据登录,这种情况下不应记录脚本 100 次,而应采用参数化脚本,并装载不同的登录凭据进行测试。登录信息(如用户名、密码)可以存储在 CSV 文件中,然后使用 CSV 数据文件配置逐行读取数据并将数据拆分成参数化脚本可使用的变量,如图 5.18 所示。

图 5.18　CSV 数据文件配置

(3)HTTP Cookie 管理器

在使用浏览器访问网站时,浏览器会通过 Cookie 存储客户端状态,HTTP Cookie 管理器具有与浏览器相同的功能,如果有一个 HTTP 请求并且响应包含一个 Cookie,那么 Cookie 管理器就会自动存储该 Cookie,并将其用于对该网站发起的所有后续请求,如图 5.19 所示。

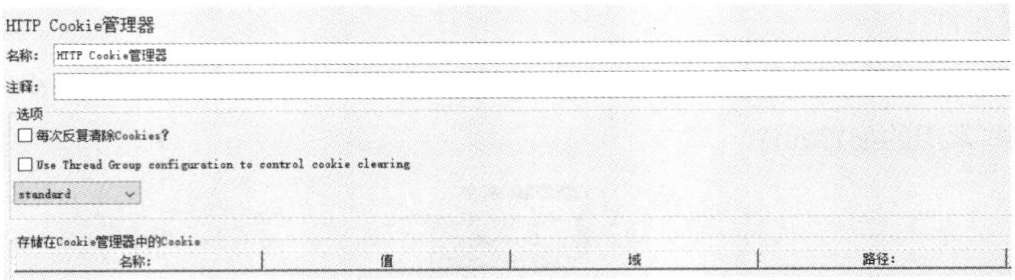

图 5.19　HTTP Cookie 管理器

5.3　JMeter 测试计划

JMeter 测试计划是添加测试所需元件的地方,存储运行测试所需的所有元件和相应设置。如图 5.20 所示,显示了测试计划的示例。

图 5.20　测试计划

1)向测试计划中添加元件

添加元件是构建测试计划的关键步骤,测试计划包括许多元件,如监听器、取样器和计时器,可以通过鼠标右键单击测试计划并从"添加"列表中选择新元件,将元件添加到测试计划中。假设想向测试计划中添加 BeanShell 断言和 Java 请求默认值,可以按照下面的步骤操作:右键单击测试计划→添加→断言→ BeanShell 断言,右键单击测试计划→添加→配置元件→ Java 请求默认值。还可以删除未使用的元件,例如,要删除元件"HTTP 请求默认值",请在测试计划中选择"HTTP 请求默认值"→右键单击→从上下文菜单中选择删除→单击"是",以确认在消息框中删除此元件。

2)保存测试计划

假设已经添加了一个测试计划,现在想保存它,右键单击"Test Plan",选择"选中部分保存为…",如图 5.21 所示。

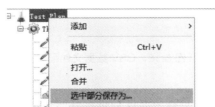

图 5.21　保存测试计划

在显示对话框中,单击"保存"按钮以默认名称或自定义的名称保存测试元件,把 JMeter 测试元件和测试计划存储在"*.jmx"格式中,如图 5.22 所示。

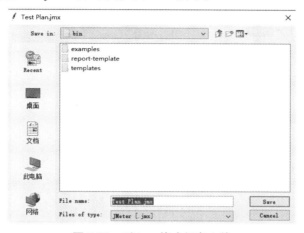

图 5.22　以 jmx 格式保存文件

3）装载 jmx 文件

加载已保存的元件,可以帮助节省创建和配置新元件所需的时间,假设测试计划中有一个现有元件：HTTP 请求默认值,右键单击 Java 请求默认值→选择合并,选择元件目录中的文件,此元件将添加到当前测试计划中,如图 5.23 所示。

图 5.23　合并测试元件

4）配置元件

在左侧窗格中选择需要配置的元件,在右侧窗格中输入配置设置,如图 5.24 所示。

图 5.24　配置元件

5）运行测试计划

要运行单个或多个测试计划,可单击工具栏中的"开始"按钮,也可使用快捷键"Ctrl＋R",如图 5.25 所示。要停止测试计划,可单击"停止"按钮或使用快捷键"Ctrl＋'"。

图 5.25　运行测试计划

6）查看测试报告

测试执行完后，可以使用监听器元件监听测试结果。

5.4　更多 JMeter 组件

1）定时器

JMeter 在默认设置下连续发送请求，不会在请求之间自动暂停。在这种情况下，JMeter 可能会在短时间内发出过多请求从而淹没测试服务器。计时器允许 JMeter 在线程发出的每个请求之间进行延迟以解决服务器过载问题。此外，在现实生活中，访问者并非在同一时间到达网站，而是在不同的时间间隔，计时器有助于模拟实时行为。

2）断言

断言帮助验证被测服务器是否返回预期结果。

①响应断言：允许添加模式字符串，以便与服务器响应的各个字段进行比较。

②持续时间断言：测试每个服务器响应是否在给定的时间内收到。任何超过给定毫秒数的响应都被标记为失败响应。

③大小断言：测试每个服务器响应是否包含预期的字节数。我们可以指定大于等于、大于、小于或不等于给定的字节数。

3）控制器

逻辑控制器允许定义线程中处理请求的顺序，它允许控制何时向 Web 服务器发送用户请求。例如，可以使用随机控制器向服务器随机发送 HTTP 请求。

4）处理器

处理器用于在其范围内修改取样器，有两种类型的处理器：预处理器和后处理器。

①预处理器：在发出取样器请求之前，预处理器执行操作。

②后处理器：在发出取样器请求后执行操作。

5.5　案例：百度搜索引擎性能测试

1）性能测试相关概念

（1）JMeter 性能测试

JMeter 性能测试是使用 JMeter 测试 Web 应用程序的性能。JMeter 性能测试可测试静态和动态资源,为性能测试提供各种图形分析,测试内容包括 Web 应用程序的负载测试和压力测试。

（2）JMeter 负载测试

JMeter 负载测试用于确定被测 Web 应用程序是否能够满足高负载要求,它还有助于分析重负载下整个服务器的运行情况。

（3）JMeter 压力测试

每个 Web 服务器都有最大负载容量,当负载超过限制时,Web 服务器响应变慢并产生错误,压力测试的目的是找到 Web 服务器在可用的情况下能够承受的最大负载。

2）准备阶段

本案例将对百度进行性能分析,在测试目标 Web 应用程序的性能之前,应明确以下几个问题：

网站正常负载是多少,即访问网站的平均用户数是多少？

网站重负载是多少,即访问网站的最大用户数是多少？

本次测试的目标是什么？

在本案例中,测试目标是在 100 个并发用户,每个用户搜索 10 次的情况下,观察百度的性能表现。

3）在 JMeter 中创建性能测试计划

（1）添加线程组

启动"JMeter",在树上选择"测试计划",添加线程组,如图 5.26 所示。

图 5.26　添加线程组

在"线程组"控制面板中,输入线程属性,如图 5.27 所示。

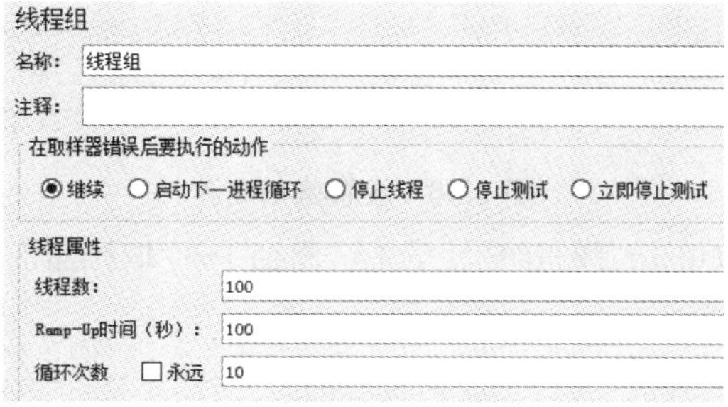

图 5.27　设置线程数

按如下参数进行配置:线程数为 100,Ramp-Up 时间为 100、循环计数为 10。

线程数与循环计数的不同点在于:线程数模拟用户个数,循环计数模拟单用户重复执行次数,如图 5.28 所示。

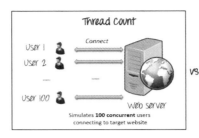

图 5.28　线程数和循环计数的区别

Ramp-Up 时间约定在启动下一个用户之前要延迟多长时间,例如,如果有 100 个用户和 100 秒的加速期,那么启动用户之间的延迟将为 1 秒,即 100 秒/100 个用户。

(2)添加 JMeter 元件

添加 HTTP 请求默认值,右键单击"线程组"并选择"添加"→"配置元件"→"HTTP 请求默认值"来添加此元件,如图 5.29 所示。

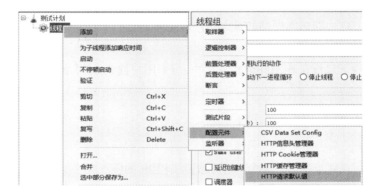

图 5.29　添加 HTTP 请求的默认值

在配置面板中,输入测试中的网站名称,如图 5.30 所示。

图 5.30　设置网站名称

添加 HTTP 请求,右键单击"线程组"并选择"添加"→"取样器"→"HTTP 请求",如图 5.31 所示。

图 5.31　添加 HTTP 请求

在配置面板中,设置路径字段值"/s?wd=jmeter",如图 5.32 所示。

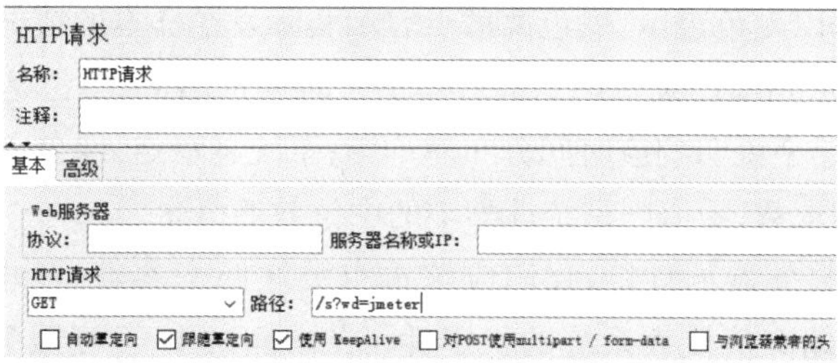

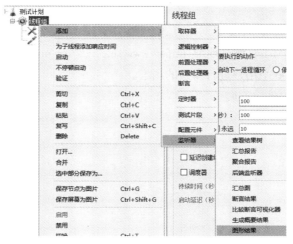

图 5.32　设置访问路径

（3）添加图形结果

右键单击"测试计划"，选择"添加"→"监听器"→"图形结果"，如图 5.33 所示。

图 5.33　添加图形结果

（4）运行测试并获得测试结果

按工具栏上的运行按钮或快捷键"Ctrl+R"开始测试，测试结果将会实时显示，如图 5.34 所示。

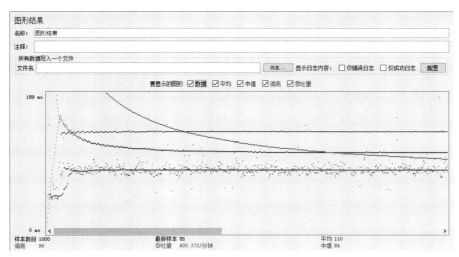

图 5.34　运行测试并生成结果

图形结果统计数据以颜色表示:黑色离散点表示实际发送样本的情况,显示每个请求发送时机和响应时间;蓝色表示当前已发送的所有样本的平均响应时间,单位是毫秒;红色表示响应时间的标准方差,这个值越小说明响应时间分布越均匀,系统越稳定;绿色表示系统吞吐量,数值为服务器每分钟处理的请求数,中值则是统计学中的中位数的概念。

要分析被测 Web 服务器的性能,我们应该重点关注两个参数:吞吐量和偏离。吞吐量值代表系统的处理能力,偏离值代表系统的稳定性。在本测试中,百度服务器的吞吐量为每分钟 600.372。这意味着百度服务器每分钟可以处理 600.372 个请求,这个值非常高,因此得出结论,百度具有良好的性能。

课后习题

按照以下要求,使用 JMeter 工具对站点 360 搜索进行测试。

(1)搜索关键词为 JMeter,测试地址:https://www.so.com/s?q=jmeter。

(2)模拟同时有 1000 个用户进行搜索的场景。

(3)使用图形结果组件进行展示。

第 6 章 pytest 接口测试

与 unittest 框架类似，pytest 是基于 Python 的一个测试框架，相比 unittest 框架更为简洁和高效。pytest 提供了更丰富的扩展，更加适用于对接口进行自动化测试。

【学习目标】

- ◆ 掌握 pytest 的安装配置方法；
- ◆ 了解固件的概念；
- ◆ 掌握预处理和后处理；
- ◆ 了解 pytest 扩展；
- ◆ 掌握构建 pytest 测试项目的方法。

6.1 pytest

6.1.1 pytest 快速上手

1）安装 pytest 及常用插件

打开 Windows 命令提示符，输入以下命令，完成 pytest 安装。

```
pip install pytest
```

2）构建第一个测试用例

在 PyCharm 中，新建一个 py 文件 "test_sample1.py"，如图 6.1 所示。

图 6.1　test_sample1.py

注意：由于 pytest 采用文件名固定格式识别测试脚本，对于测试脚本文件的命名需要满足 pytest 的要求，格式为 <test_*.py> 或者 <*_test.py>。

文件创建完成后,需要在创建好的 py 文件中添加测试用例,代码如下:

```python
import pytest
def test_file1_method1():
    x=5
    y=6
    assert x+1 == y, "test failed"
    assert x == y, "test failed"
def test_file1_method2():
    x=5
    y=6
    assert x+1 == y, "test failed"
```

在这个例子中,定义了两个测试方法:test_file1_method1 和 test_file1_method2。观察这段代码可总结 pytest 测试用例的实现要求:

①需要在测试脚本文件顶部引入 pytest 库。
②pytest 使用函数表示测试用例。
③测试函数的命名同样需要遵循使用 test_ 作为前缀的约束。
④测试用例需要使用 assert 关键字定义验证代码,assert 关键字常被译为断言。基本语法结构为:assert [条件语句],[断言说明],其中,条件语句用于判定结果是否满足预期,如果条件语句为真,则验证通过;否则,验证失败,测试用例不通过。

3)运行测试用例

在 PyCharm 终端窗口中输入"pytest"命令,pytest 将会扫描工作目录下的所有测试用例并执行,如图 6.2 所示。

```
C:\Testing\API_Test>pytest
============================= test session starts =============================
platform win32 -- Python 3.8.3, pytest-6.2.5, py-1.11.0, pluggy-1.0.0
rootdir: C:\Testing\API_Test
plugins: anyio-3.3.1, cov-3.0.0, html-3.1.1, metadata-2.0.2, web3-5.23.1
collected 2 items

test_sample1.py F.                                                       [100%]

=================================== FAILURES ==================================
_____ test_file1_method1 _____

    def test_file1_method1():
        x=5
        y=6
        assert x+1 == y, "test failed"
>       assert x == y, "test failed"
E       AssertionError: test failed
E       assert 5 == 6

D:\信息工程学院\教材建设\软件测试教材\sources\API_Test\test_sample1.py:6: AssertionError
============================== warnings summary ===============================
d:\program files\python\python38\lib\site-packages\pyreadline\py3k_compat.py:8
  d:\program files\python\python38\lib\site-packages\pyreadline\py3k_compat.py:8: DeprecationWarning: Using or impo
rting the ABCs from 'collections' instead of from 'collections.abc' is deprecated since Python 3.3, and in 3.9 it w
ill stop working
    return isinstance(x, collections.Callable)

-- Docs: https://docs.pytest.org/en/stable/warnings.html
=========================== short test summary info ===========================
FAILED test_sample1.py::test_file1_method1 - AssertionError: test failed
===================== 1 failed, 1 passed, 1 warning in 0.38s ==================
```

图 6.2 运行结果

pytest 执行完成之后，会输出详细的执行日志，通过分析日志，就能分析测试用例整体的完成情况，如图 6.3 所示。

```
collected 2 items

test_sample1.py F.                                                    [100%]
```

图 6.3　用例整体完成情况

在这个例子中采集到两个测试用例，用例 100% 完成执行，其中 test_sample1.py 后的 F 表示测试脚本中存在没有通过的测试用例。

未通过的用例和未通过的原因说明：由于 x 值等于 5，y 值等于 6，两个值不相等，x＝＝y 条件不成立，因此，这个位置断言失败，用例不通过，如图 6.4 所示。

```
    def test_file1_method1():
        x=5
        y=6
        assert x+1 == y, "test failed"
>       assert x == y, "test failed"
E       AssertionError: test failed
E       assert 5 == 6
```

图 6.4　未通过用例

测试脚本执行情况总结：1 个测试用例未通过，1 个测试用例通过，未通过用例为 test_sample1.py::test_file1_method1，如图 6.5 所示。

```
=================== short test summary info ===================
FAILED test_sample1.py::test_file1_method1 - AssertionError: test failed
================ 1 failed, 1 passed, 1 warning in 0.38s ================
```

图 6.5　用例执行情况汇总

6.1.2　断言

断言是一种返回 True 或 False 状态的检查语句，目的是验证软件表现和开发者预期结果是否一致。在 pytest 中，如果测试方法中的断言失败，则该测试方法的执行将停止，该测试方法中的其余代码不会执行，pytest 将运行下一个测试方法。

断言语句如下：

```
assert a％2＝＝0,"value was odd, should be even"
```

对条件语句进行断言，断言语句由 3 个部分构成，即关键字 assert，断言条件 a％2＝＝0 和断言说明 value was odd, should be even，断言是否成功取决于断言条件的结果，结果为 True，断言成功；否则，断言失败。

6.1.3　异常和警告

1）处理异常

在编写测试脚本时，由于测试数据的破坏性，很可能发生被测代码触发异常的情况，此时，异常会中断测试脚本的执行，可以采用 pytest.raises 方法对这种情况进行处理。

```
def test_zero_division():
    with pytest.raises(ZeroDivisionError):
        1/0
```

2）处理警告信息

在执行测试脚本时，常常会出现一些警告信息，这些警告并不会影响程序的运行结果。因此，在很多情况下用户会采用忽略警告的方式去应对这些信息，例如下面演示的警告信息，如图 6.6 所示。

```
============================ warnings summary ============================
d:\program files\python\python38\lib\site-packages\pyreadline\py3k_compat.py:8
  d:\program files\python\python38\lib\site-packages\pyreadline\py3k_compat.py:8: DeprecationWarning: Using or imp
orting the ABCs from 'collections' instead of from 'collections.abc' is deprecated since Python 3.3, and in 3.9 it
 will stop working
    return isinstance(x, collections.Callable)
```

图 6.6　警告信息

这里提示引入包的方法已过期，这是由于库代码升级后有了新的可替代方案，这种情况下老的方法依然是可用的，对于这种情况，可以采用忽视警告处理。代码如下：

```
def test_file1_method1():
  with pytest.warns(DeprecationWarning):
    x=5
    y=6
    assert x+1 == y, "test failed"
    assert x == y, "test failed"
```

6.1.4　运行测试用例子集

在实际工作中，通常不需要运行所有的测试用例，只需要选择其中一部分进行测试即可。pytest 允许使用两种方式实现只运行一部分的测试用例：通过子字符串匹配对测试进行分组和使用标记对测试进行分组。

1）子字符串匹配测试子集

使用命令选项 –k 指定需要匹配的子字符串 py.test –k method1，如图 6.7 所示。

```
C:\Testing\API_Test>py.test -k method1
============================ test session starts ============================
platform win32 -- Python 3.8.3, pytest-6.2.5, py-1.11.0, pluggy-1.0.0
rootdir: C:\Testing\API_Test
plugins: anyio-3.3.1, cov-3.0.0, html-3.1.1, metadata-2.0.2, web3-5.23.1
collected 2 items / 1 deselected / 1 selected

test_sample1.py F                                                      [100%]

================================= FAILURES =================================
_____ test_file1_method1 _____

    def test_file1_method1():
        x=5
        y=6
        assert x+1 == y, "test failed"
>       assert x == y, "test failed"
E       AssertionError: test failed
E       assert 5 == 6

test_sample1.py:6: AssertionError
============================ warnings summary ============================
d:\program files\python\python38\lib\site-packages\pyreadline\py3k_compat.py:8
  d:\program files\python\python38\lib\site-packages\pyreadline\py3k_compat.py:8: DeprecationWarning: Using or i
mporting the ABCs from 'collections' instead of from 'collections.abc' is deprecated since Python 3.3, and in 3.
9 it will stop working
    return isinstance(x, collections.Callable)

-- Docs: https://docs.pytest.org/en/stable/warnings.html
========================= short test summary info =========================
FAILED test_sample1.py::test_file1_method1 - AssertionError: test failed
============== 1 failed, 1 deselected, 1 warning in 0.41s ==============
```

图 6.7　按字符串匹配执行用例

在测试脚本中,共有两个测试方法:test_file1_method1 和 test_file1_method2。由于只有 test_file1_method1 中包含关键字 method1,所以 pytest 只执行 test_file1_method1。

2)标记测试子集

通过使用 pytest.mark,在测试函数上设置元数据便于标记测试子集。pytest 允许使用内建标记,也允许使用自定义标记。pytest 常用内建标记如下:

①usefixtures:在测试函数或类上使用 fixtures。
②filterwarnings:过滤测试函数的某些警告。
③skip:始终跳过测试函数。
④skipif:如果满足特定条件,则跳过测试功能。
⑤xfail:如果满足特定条件,则产生"预期失败"结果。
⑥parametrize:对同一测试函数执行多个调用。

(1)使用 skip 标记跳过测试用例

修改 test_sample1.py 代码,在测试方法 test_file1_method1 上添加标记 @pytest.mark.skip。代码如下:

```
import pytest

@pytest.mark.skip
def test_file1_method1():
    x = 5
    y = 6
    assert x + 1 == y, "test failed"
    assert x == y, "test failed"

def test_file1_method2():
    x = 5
    y = 6
    assert x + 1 == y, "test failed"
```

执行测试用例,运行结果如图 6.8 所示。

```
C:\Testing\API_Test>pytest
============================= test session starts =============================
platform win32 -- Python 3.8.3, pytest-6.2.5, py-1.11.0, pluggy-1.0.0
rootdir: C:\Testing\API_Test
plugins: anyio-3.3.1, cov-3.0.0, html-3.1.1, metadata-2.0.2, web3-5.23.1
collected 2 items

test_sample1.py s.                                                       [100%]

============================== warnings summary ===============================
d:\program files\python\python38\lib\site-packages\pyreadline\py3k_compat.py:8
  d:\program files\python\python38\lib\site-packages\pyreadline\py3k_compat.py:8: DeprecationWarning: Using or impo
rting the ABCs from 'collections' instead of from 'collections.abc' is deprecated since Python 3.3, and in 3.9 it w
ill stop working
    return isinstance(x, collections.Callable)

-- Docs: https://docs.pytest.org/en/stable/warnings.html
========================= 1 passed, 1 skipped, 1 warning in 0.03s =========================
```

图 6.8 使用 skip 标记

可以看到 test_file1_method1 测试方法被跳过，测试脚本执行状态为 s。

（2）测试用例参数化处理

参数化测试的目的是针对同一个测试用例，使用多组典型数据进行全面测试，以评估代码的健壮性。新建测试脚本文件 test_sample2.py，完成代码编写：

```
import pytest

@pytest.mark.parametrize("input1,input2,output",[(5,5,10),(3,5,12)])
def test_add(input1,input2,output):
    assert input1+input2 == output,"failed"
```

执行测试用例，运行结果如图 6.9 所示。

```
test_sample2.py::test_add[5-5-10] PASSED
test_sample2.py::test_add[3-5-12] FAILED
```

图 6.9　验证结果

从图 6.9 中可以看出，对于同一个测试方法 test_add，由于我们指定了两组参数，pytest 在执行时会对每一组参数都进行验证。其中，第一组数据（5,5,10）运行结果正确，第二组数据（3,5,12）由于数据错误，测试不通过，需要修改测试数据后再进行测试。

（3）使用自定义标记

自定义标记允许按照自身业务需求及使用场景对测试用例进行分组，在执行测试用例时，按照需要执行特定的用例组。修改 test_sample1.py 中的 test_file1_method2 方法，为该方法添加自定义的标记 set1。代码如下：

```
@pytest.mark.set1
def test_file1_method2():
    x = 5
    y = 6
    assert x+1 == y, "test failed"
```

使用命令 pytest -m set1 执行用例组 set1，如图 6.10 所示。

```
C:\Testing\API_Test>pytest -m set1
============================== test session starts ==============================
platform win32 -- Python 3.8.3, pytest-6.2.5, py-1.11.0, pluggy-1.0.0
rootdir: C:\Testing\API_Test
plugins: anyio-3.3.1, cov-3.0.0, html-3.1.1, metadata-2.0.2, web3-5.23.1
collected 4 items / 3 deselected / 1 selected

test_sample1.py .                                                        [100%]

=============================== warnings summary ================================
d:\program files\python\python38\lib\site-packages\pyreadline\py3k_compat.py:8
  d:\program files\python\python38\lib\site-packages\pyreadline\py3k_compat.py:8: DeprecationWarning: Using or importing the ABCs from 'collections' instead o
f from 'collections.abc' is deprecated since Python 3.3, and in 3.9 it will stop working
    return isinstance(x, collections.Callable)

test_sample1.py:8
  C:\Testing\API_Test\test_sample1.py:8: PytestUnknownMarkWarning: Unknown pytest.mark.set1 - is this a typo?  You can register custom marks to avoid this war
ning - for details, see https://docs.pytest.org/en/stable/mark.html
    @pytest.mark.set1

-- Docs: https://docs.pytest.org/en/stable/warnings.html
========================== 1 passed, 3 deselected, 2 warnings in 0.04s ==========================
```

图 6.10　执行指定标记用例

由于只为 test_file1_method2 方法设置了 set1 分组,在使用 -m 参数指定测试子集后,只有 test_file1_method2 方法得到验证,其他测试方法均被忽略了。

6.1.5 固件

固件(Fixture)用于标记一些函数,pytest 会在执行测试函数之前或之后加载运行它们,通常固件用于初始化数据库连接、装载数据、初始化测试场景、清理测试场景等。

pytest 使用 pytest.fixture() 定义固件,在 PyCharm 中新建脚本 test_sample3.py,完成代码如下:

```python
import pytest
import random


@pytest.fixture()
def random_int_pair():
    return random.randint(-100, 100), random.randint(-100, 100)


def add(x, y):
    return x + y


def test_file3_add(random_int_pair):
    assert add(random_int_pair[0], random_int_pair[1])\
        == random_int_pair[0] + random_int_pair[1], "test invalid"
```

在这段代码中定义了一个固件 random_int_pair,固件的作用是返回两个 -100 ~ 100 的随机整数,在测试方法 test_file3_add 中,使用固件 random_int_pair 返回的数字对方法 add 进行测试。使用命令 pytest test_sample3.py 运行脚本,如图 6.11 所示。

```
C:\Testing\API_Test>pytest test_sample3.py
============================= test session starts =============================
platform win32 -- Python 3.8.3, pytest-6.2.5, py-1.11.0, pluggy-1.0.0
rootdir: C:\Testing\API_Test, configfile: pytest.ini
plugins: anyio-3.3.1, cov-3.0.0, html-3.1.1, metadata-2.0.2, web3-5.23.1
collected 1 item

test_sample3.py .                                                        [100%]

============================== 1 passed in 0.03s ==============================
```

图 6.11 运行 test_sample3.py

1)预处理和后处理

在实际测试场景中,很多时候需要在测试前进行预处理,如新建数据库连接、从文件装载测试数据等,也需要在测试后做一些清理工作,如关闭数据库连接。当测试脚本中多个方法都有共性的预处理和后处理操作时,一般会利用固件进行自动化处理,可节省工作量。

pytest 使用 yield 关键词将固件分为两个部分;yield 之前的代码属于预处理,会在测试前执行;yield 之后的代码属于后处理,将在测试完成后执行。

新建测试脚本 test_sample4.py,完成代码如下:

```python
import pytest
import time
@pytest.fixture()
def db():
    print('Connection successful')
    yield
    print('Connection closed')

def search_user(user_id):
    d = {'001': 'xiaoming'}
    return d[user_id]

def test_search(db):
    assert search_user('001') == 'xiaoming'
    print("complete test_search")
```

在这里，我们定义了一个固件 db。在 db 固件中，使用 yield 关键字将输出 Connection successful 和输出 Connection closed 的代码分开，然后在 test_search 方法中测试函数 search_user 并打印 complete test_search 消息。

使用命令 pytest test_sample4.py –s 运行脚本，注意不要遗漏 –s 选项，如图 6.12 所示。

```
C:\Testing\API_Test>pytest test_sample4.py -s
================================================== test session starts ==================================================
platform win32 -- Python 3.8.3, pytest-6.2.5, py-1.11.0, pluggy-1.0.0
rootdir: C:\Testing\API_Test, configfile: pytest.ini
plugins: anyio-3.3.1, cov-3.0.0, html-3.1.1, metadata-2.0.2, web3-5.23.1
collected 1 item

test_sample4.py Connection successful
complete test_search
.Connection closed
================================================== 1 passed in 0.03s ==================================================
```

图 6.12　运行 test_sample4.py

从图 6.12 中可以看出，3 条消息按照预期的执行顺序依次打印到终端。

2）xUnit style 的 setup/teardown

传统测试框架中，通常采用 setup 和 teardown 的方式进行预处理和后处理，pytest 同样提供 setup 和 teardown 的支持，但是不推荐在 pytest 中采用。相比于 setup 或 teardown，固件更为灵活，尤其是在应对测试脚本中的多个测试方法存在不同初始化操作时，固件处理起来更为得心应手。

setup/teardown 样例，代码如下：

```python
import pytest
import time
def setup():
    print('Connection successful')
```

```
def teardown ( ):
  print ( 'Connection closed' )

def search_user (user_id):
  d = {'001': 'xiaoming'}
  return d[user_id]

def test_search ( ):
  assert search_user ( '001' ) == 'xiaoming'
  print ( "complete test_search" )
```

6.1.6　pytest 扩展

1）pytest-html

对于专业的开发人员和测试人员而言，pytest 提供的日志信息已经足够满足开发和测试的需要，但是在做测试工作时，通常还需将测试相关数据进行汇总，编写测试报告。这种情况下，需要使用更为友好的格式进行展示，通常可以使用 pytest-html 扩展生成 HTML 格式的测试报告。

安装 pytest-html 插件，代码如下：

```
pip install pytest-html
```

使用命令 pytest --html=report.html 运行测试用例，代码如下：

```
pytest --html=report.html
```

运行完成后，pytest 将在测试脚本文件所在的目录中生成一个“report.html”文件，打开文件“report.html”，查看测试报告，如图 6.13 所示。

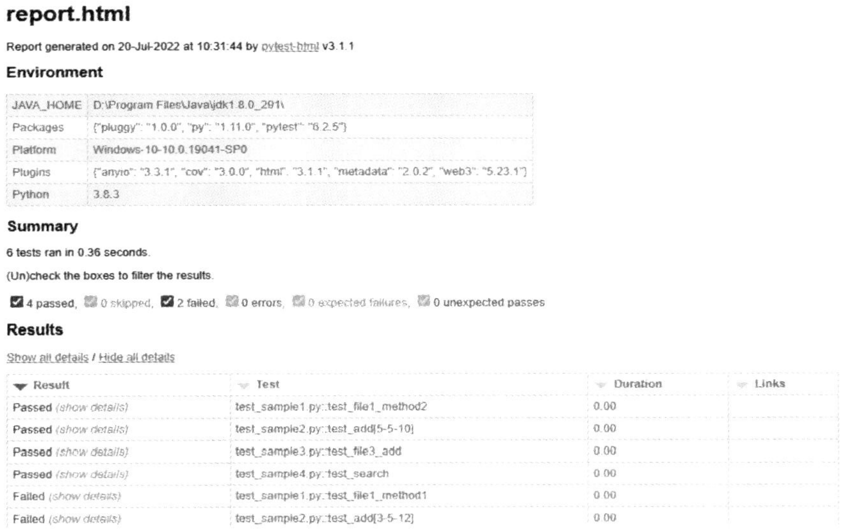

report.html

Report generated on 20-Jul-2022 at 10:31:44 by pytest-html v3.1.1

Environment

JAVA_HOME	D:\Program Files\Java\jdk1.8.0_291\
Packages	{"pluggy": "1.0.0", "py": "1.11.0", "pytest": "6.2.5"}
Platform	Windows-10-10.0.19041-SP0
Plugins	{"anyio": "3.3.1", "cov": "3.0.0", "html": "3.1.1", "metadata": "2.0.2", "web3": "5.23.1"}
Python	3.8.3

Summary

6 tests ran in 0.36 seconds.

(Un)check the boxes to filter the results.

4 passed, 0 skipped, 2 failed, 0 errors, 0 expected failures, 0 unexpected passes

Results

Show all details / Hide all details

Result	Test	Duration	Links
Passed (show details)	test_sample1.py::test_file1_method2	0.00	
Passed (show details)	test_sample2.py::test_add[5-5-10]	0.00	
Passed (show details)	test_sample3.py::test_file3_add	0.00	
Passed (show details)	test_sample4.py::test_search	0.00	
Failed (show details)	test_sample1.py::test_file1_method1	0.00	
Failed (show details)	test_sample2.py::test_add[3-5-12]	0.00	

图 6.13　测试报告

2）pytest-xdist

当测试用例非常多时,一条条按顺序执行测试用例非常浪费测试时间,这时可以使用 pytest-xdist,让自动化测试用例分布式执行,可节省测试时间。

安装 pytest-xdist：

```
pip install pytest-xdist
```

使用 -n 选项指定线程数：

```
pytest -n 5
```

也可以指定线程数为 auto,此时 pytest 会根据 CPU 内核个数自动分配线程数：

```
pytest -n auto
```

6.2 案例：使用 pytest 对接口进行测试

在这个案例中,将展示如何使用 pytest 对 Web 接口进行测试。本案例将对网站 reqres.in 提供的免费 API 进行测试,测试内容为用户登录接口和用户检查接口。

reqres.in 是一个免费的、符合 RESTful 风格的 API 生成网站,它能根据用户提供的路径自动生成 API 接口,如图 6.14 所示。

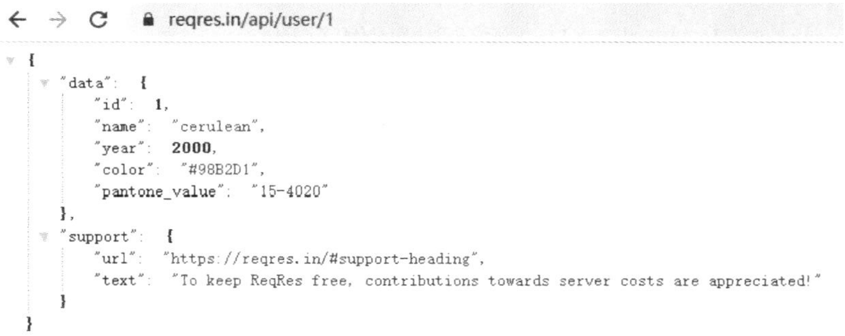

图 6.14　接口示例

1）项目结构

conftest.py：测试项目全局配置文件,如图 6.15 所示。pytest 会在启动测试时检查是否存在这个文件,如果存在则装载 conftest 中的配置。注意：全局配置的文件名称必须是 conftest.py。

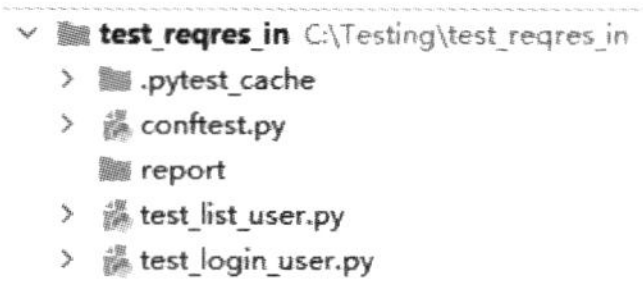

图 6.15　项目结构

report：测试报告存放的位置。

test_list_user.py/test_login_user.py：测试脚本文件。

2）全局配置

修改 conftest.py 文件内容，代码如下：

```python
import pytest
@pytest.fixture
def supply_url():
    return "https://reqres.in/api"
```

全局配置文件使用 supply_url 固件为后续的测试方法提供服务器地址。

3）test_list_user

修改 test_list_user.py 文件内容，代码如下：

```python
import pytest
import requests
import json

@pytest.mark.parametrize("userid,firstname",[(1,"George"),(2,"Janet")])
def test_list_valid_user(supply_url,userid,firstname):
    url = supply_url + "/users/" + str(userid)
    resp = requests.get(url)
    j = json.loads(resp.text)
    assert resp.status_code == 200, resp.text
    assert j['data']['id'] == userid, resp.text
    assert j['data']['first_name'] == firstname, resp.text

def test_list_invaliduser(supply_url):
    url = supply_url + "/users/50"
    resp = requests.get(url)
    assert resp.status_code == 404, resp.text
```

test_list_valid_user：测试有效用户获取并验证响应。

test_list_invaliduser：测试无效用户获取并验证响应。

可以使用 Postman 调用接口 https://reqres.in/api/users/1 和 https://reqres.in/api/users/50 观察响应值，对比测试结果并自行分析。

4）test_login_user

修改 test_login_user 文件内容，代码如下：

```python
import pytest
import requests
import json

def test_login_valid(supply_url):
    url = supply_url + "/login/"
    data = {'email':'test@test.com','password':'something'}
    resp = requests.post(url, data=data)
    j = json.loads(resp.text)
    assert resp.status_code == 200, resp.text
    assert j['token'] == "QpwL5tke4Pnpja7X", resp.text

def test_login_no_password(supply_url):
    url = supply_url + "/login/"
    data = {'email':'test@test.com'}
    resp = requests.post(url, data=data)
    j = json.loads(resp.text)
    assert resp.status_code == 400, resp.text
    assert j['error'] == "Missing password", resp.text

def test_login_no_email(supply_url):
    url = supply_url + "/login/"
    data = {}
    resp = requests.post(url, data=data)
    j = json.loads(resp.text)
    assert resp.status_code == 400, resp.text
    assert j['error'] == "Missing email or username", resp.text
```

test_login_valid：使用电子邮件和密码测试有效登录尝试。

test_login_no_password：在不传递密码的情况下测试无效的登录尝试。

test_login_no_email：测试未通过电子邮件的无效登录尝试。

5）运行并导出测试报告

在 PyCharm 终端使用命令 pytest --html=./report/report.html 运行项目并导出测试，结果如图 6.16 所示。

report.html

Report generated on 20-Jul-2022 at 11:19:52 by pytest-html v3.1.1

Environment

JAVA_HOME	D:\Program Files\Java\jdk1.8.0_291\
Packages	{"pluggy": "1.0.0", "py": "1.11.0", "pytest": "6.2.5"}
Platform	Windows-10-10.0.19041-SP0
Plugins	{"anyio": "3.3.1", "cov": "3.0.0", "html": "3.1.1", "metadata": "2.0.2", "web3": "5.23.1"}
Python	3.8.3

Summary

6 tests ran in 6.02 seconds.
(Un)check the boxes to filter the results.
☑ 5 passed, ☐ 0 skipped, ☑ 1 failed, ☐ 0 errors, ☐ 0 expected failures, ☐ 0 unexpected passes

Results

Show all details / Hide all details

Result	Test	Duration
Passed (show details)	test_list_user.py::test_list_valid_user[1-George]	0.60
Passed (show details)	test_list_user.py::test_list_valid_user[2-Janet]	1.40
Passed (show details)	test_list_user.py::test_list_invaliduser	0.86
Passed (show details)	test_login_user.py::test_login_no_password	0.91
Passed (show details)	test_login_user.py::test_login_no_email	0.90
Failed (show details)	test_login_user.py::test_login_valid	0.91

图 6.16 测试报告

6.3 案例：pytest 接口测试框架

在实际工作中，需要以项目为单位组织测试项目，以便统一管理和团队协作，下面将以 PetStore 接口为例展示如何搭建 pytest 接口测试框架。

1）准备工作

在开始接口测试之前，需要对测试对象作全面深入的分析，这样，我们后续设计的框架才会少走弯路、少犯错。PetStore 接口遵循 RESTful 风格，并且提供了完整的接口说明，接口说明文档地址为 https://petstore.swagger.io/，如图 6.17 所示。

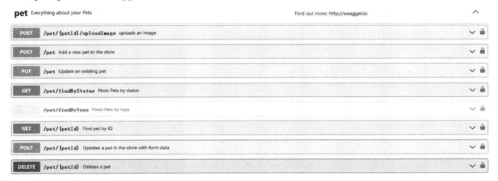

图 6.17 PetStore 接口

在本案例中，用 pet 相关接口进行测试，请在学习后续内容前，仔细研究 pet 相关接口，把接口放到 Postman 中测试，确保掌握各个接口的使用方法和作用。

2)项目结构

项目结构如图 6.18 所示。

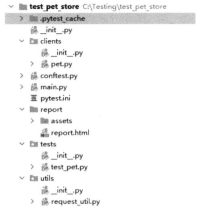

图 6.18 项目结构

clients 文件夹:用于接口请求端,以 py 文件组织,每个 py 文件对应一组接口。

conftest.py 文件:测试配置文件,用于设置项目级别的固件。

main.py 文件:项目主文件,用于启动测试项目。

pytest.ini 文件:pytest 配置文件。

report 文件夹:存放测试报告。

tests 文件夹:存放测试用例。

utils 文件夹:存放工具类文件。

3)构建网络请求工具类

在 utils 文件夹中创建文件 request_util.py,完成代码如下:

```python
import requests
import json


# 拼接接口地址
def get_api_url(path):
    return f"https://petstore.swagger.io/v2{path}"


# 调用接口方法
def request_url(url, method, data=None, json_data=None):
    if data:
        headers = {'Content-Type': 'application/x-www-form-urlencoded'}
    elif json_data:
        headers = {'Content-Type': 'application/json'}
```

```
    data = json.dumps(json_data)
  else:
    headers = {}
  resp = {}
  if method.strip().lower() == "get":
    resp = requests.get(url)
  elif method.strip().lower() == "post":
    resp = requests.post(url, data=data, headers=headers)
  elif method.strip().lower() == "put":
    resp = requests.put(url, data=data, headers=headers)
  elif method.strip().lower() == "delete":
    resp = requests.delete(url, headers=headers)
  return resp
```

4)构建接口调用方法

为了调用 pet 的相关接口,在 clients 文件夹中创建 pet.py 文件,完成代码如下:

```
from ..utils import request_util

# 调用添加宠物接口
def add_pet(pet):
  url = request_util.get_api_url("/pet")
  return request_util.request_url(url, "post", json_data=pet)

# 调用获取宠物信息接口
def get_pet(pet_id):
  url = request_util.get_api_url(f"/pet/{pet_id}")
  return request_util.request_url(url, "get")

# 调用更新宠物信息接口
def update_pet(pet):
  url = request_util.get_api_url("/pet")
  return request_util.request_url(url, "put", json_data=pet)

# 调用更新宠物状态接口
def update_pet_status(pet_id, status):
  url = request_util.get_api_url(f"/pet/{pet_id}")
  return request_util.request_url(url, "post", data={"status":status})
```

```python
# 查找宠物信息
def find_pets(status):
    url = request_util.get_api_url(f"/pet/findByStatus?status={status}")
    return request_util.request_url(url, "get")
```

5）conftest.py 文件配置全局测试数据

```python
import pytest

@pytest.fixture()
def petdata():
    return {
        "name": "validpet",
        "photoUrls": [
            "https://via.placeholder.com/240x320?text=pet1",
            "https://via.placeholder.com/240x320?text=pet2",
        ],
        "status": "available"
    }
```

6）构建测试用例

在 tests 文件夹中，创建"test_pet.py"文件，注意文件命名以"test_"开头，完成测试用例代码如下：

```python
from ..clients import pet

# 添加宠物测试用例
def test_add_pet(petdata):
    # 调用添加宠物接口
    ret = pet.add_pet(petdata)
    # 验证接口返回状态码
    assert ret.status_code == 200
    # 验证接口数据
    resp = ret.json()
    assert resp['id'] > 0
    assert resp['name'] == petdata["name"]
```

```python
# 获取宠物信息测试用例
def test_get_pet():
    # 调用获取宠物列表接口
    pets_ret = pet.find_pets("available")
    # 验证接口返回状态码
    assert pets_ret.status_code == 200
    # 验证接口数据
    pets = pets_ret.json()
    assert len(pets) > 0
    # 获取宠物ID
    pet_id = pets[0]["id"]
    assert pet_id > 0
    # 调用获取宠物信息接口
    pet_ret = pet.get_pet(pet_id)
    # 验证结果
    assert pet_ret.status_code == 200
    pet_data = pet_ret.json()
    assert pet_data["id"] > 0
```

这里只是展示了用例编写方法，还有很多接口没有纳入测试，请自行补充完善。

7）构建项目入口并执行测试用例

修改 main.py，代码如下：

```python
import pytest

def run():
    pytest.main([
        "-s",
        "--html=./report/report.html"
    ])

if __name__ == "__main__":
    run()
```

运行 main.py，运行结束，将会在 report 文件夹中生成 HTML 格式的测试报告 report.html，如图 6.19 所示。

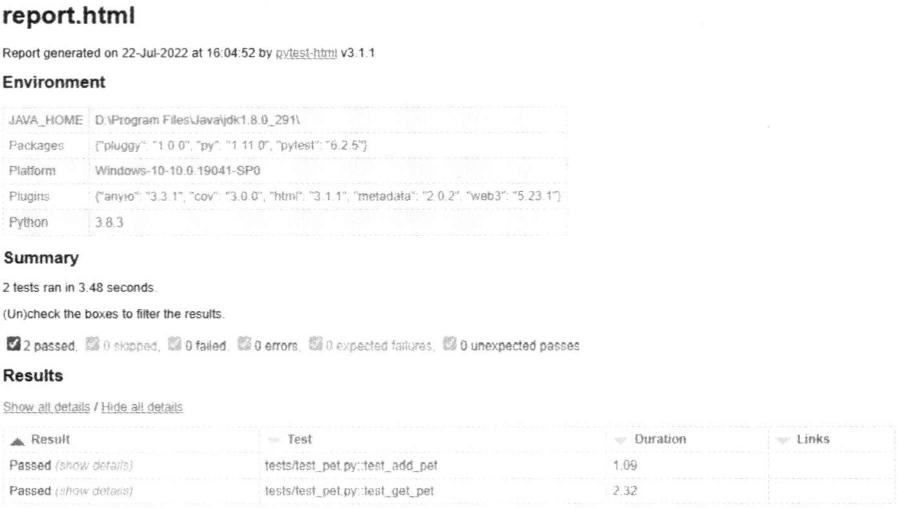
report.html

Report generated on 22-Jul-2022 at 16:04:52 by pytest-html v3.1.1

Environment

JAVA_HOME	D:\Program Files\Java\jdk1.8.0_291\
Packages	{"pluggy": "1.0.0", "py": "1.11.0", "pytest": "6.2.5"}
Platform	Windows-10-10.0.19041-SP0
Plugins	{"anyio": "3.3.1", "cov": "3.0.0", "html": "3.1.1", "metadata": "2.0.2", "web3": "5.23.1"}
Python	3.8.3

Summary

2 tests ran in 3.48 seconds.

(Un)check the boxes to filter the results.

2 passed, 0 skipped, 0 failed, 0 errors, 0 expected failures, 0 unexpected passes

Results

Show all details / Hide all details

Result	Test	Duration	Links
Passed (show details)	tests/test_pet.py::test_add_pet	1.09	
Passed (show details)	tests/test_pet.py::test_get_pet	2.32	

图 6.19 测试报告

课后习题

按照以下要求，使用 pytest 测试框架对站点 petstore.swagger.io、修改宠物信息接口和删除宠物接口进行测试：

（1）对修改宠物信息接口进行测试，要求测试宠物信息接口是否能正确调用，调用完成后，再次请求获取宠物信息接口，获取该宠物的信息，验证测试数据是否更新到服务端。

（2）在 clients 文件夹的“pet.py”文件中增加删除宠物接口。

（3）对删除宠物接口进行测试，验证此接口是否能正确工作。

第 7 章 RobotFramework 接口测试

RobotFramework 是一个开源的测试自动化框架,专门用于验收测试的开发。它支持多种测试用例风格,包括关键字驱动、行为驱动和数据驱动,以适应不同的测试需求和偏好。

【学习目标】

- ◆ 掌握 RobotFramework 安装和配置的方法;
- ◆ 掌握 RobotFramework 代码结构;
- ◆ 掌握 RobotFramework 基本语法;
- ◆ 掌握 RobotFramework 构建测试用例的方法;
- ◆ 掌握 RobotFramework 构建接口测试项目的方法。

7.1 使用 RobotFramework

7.1.1 安装 RobotFramework 及常用扩展

打开 Windows 命令提示符,输入以下命令完成安装:

```
pip install robotframework
pip install robotframework-requests
pip install robotframework-jsonlibrary
pip install robotframework-debuglibrary
pip install robotframework-ride
```

robotframework: 测试框架主体

robotframework-requests: 网络请求库

robotframework-jsonlibrary:JSON 解析库

robotframework-debuglibrary: 支持调试测试脚本

robotframework-ride:IDE,集成开发环境

7.1.2 第一个测试用例

在 PyCharm 中新建一个 py 文件 test_sample1.robot，如图 7.1 所示。

图 7.1 新建测试脚本

RobotFramework 是一种通过关键字命令去构建测试用例的测试框架，拥有自己的文件格式以及语法结构，RobotFramework 框架采用 .robot 后缀名作为测试脚本后缀名。为了更好地编写 robot 脚本，可以在 PyCharm 中安装插件 IntelliBot。IntelliBot 插件提供 robot 脚本语法高亮显示、代码提示等功能，便于进行后续测试脚本开发，如图 7.2 所示。

图 7.2 安装 IntelliBot 插件

test_sample1.robot 文件创建完成后，需要在创建好的 robot 文件中添加测试用例（即测试方法），代码如下：

```
*** Settings ***
Library     RequestsLibrary
Library     Collections


*** Variables ***
${host}         petstore.swagger.io
${base_url}     https://${host}/v2/
${username}     robot


*** Test Cases ***
Get User
    log    ***********get user robot's information
```

```robotframework
# 设置请求头,Create Dictionary 关键字创建字典保存头信息
${headers}    Create Dictionary    Content-Type=application/json

# 使用 Create Session 关键字连接服务器,会话的别名为 get_user_robot
Create Session    get_user_robot    ${base_url}

# 使用 GET On Session 关键字发送 post 请求
${response}=    GET On Session    get_user_robot
...    /user/${username}    headers=${headers}

# 使用 Should Be Equal As Strings 关键字判断 http 协议响应码为 200
Should Be Equal As Strings    ${response.status_code}    200
```

在这个例子中,我们使用 RobotFramework 对 petstore 项目获取用户信息接口进行测试,可以看到 robot 脚本有着和 Python 脚本风格迥异的代码结构,在接下来的课程中,我们将对 robot 脚本语法进行详细讲解。

注意:编写代码时需要注意空格的使用,多单词构成的关键字使用单个空格进行单词分隔,关键字和参数之间需要用多个空格或者 tab 作为分隔符,单个空格不能作为分隔符使用。

使用命令 robot test_sample1.robot 执行测试脚本,如图 7.3 所示。

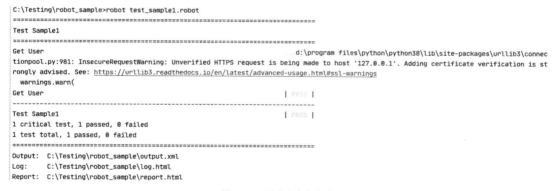

图 7.3　运行测试脚本

和 pytest 需要使用选项 --html 指定导出测试报告不同,RobotFramework 默认会将测试结果导出为测试报告,报告由 3 个文件构成:log.html 和 report.html 是用户友好性报告,output.xml 则是测试相关的所有数据,可以使用这个数据自行构建报告展示,如图 7.4、图 7.5 所示。

图 7.4　测试报告导出文件

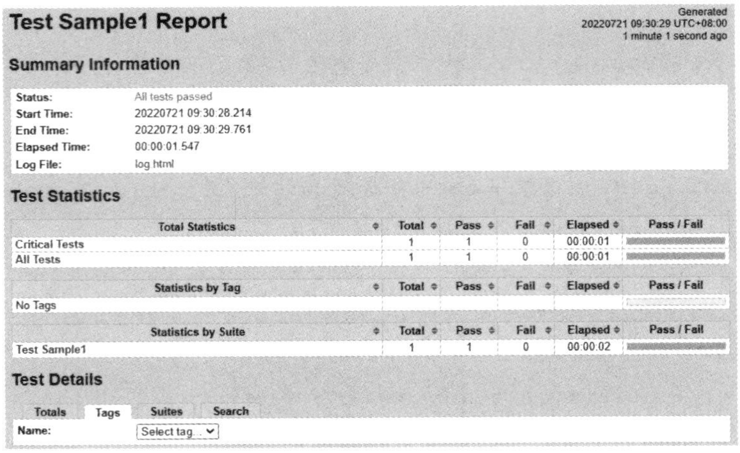

图 7.5　测试报告

7.2　robot 基础语法

1) 代码结构

下列代码为大家展示了 robot 脚本的基础代码结构。在 robot 脚本中，根据代码不同的作用，代码被划分为多个节（section），每个节都使用 *** NAME *** 进行标注，在每个节的内部，代码功能以 < 关键字　关键字对应内容 > 的形式被定义，如果关键字对应的内容子项较多，则换行并缩进，将子项内容依次进行放置，子项内容也满足 < 关键字　关键字对应内容 > 结构，关键字和内容之间使用 Tab 进行分隔，也可用多个空格分隔。

```
*** Settings ***
Documentation    Example using the space separated format.
Library          OperatingSystem

*** Variables ***
${MESSAGE}       Hello, world!

*** Test Cases ***
My Test
  [Documentation]    Example test.
  Log    ${MESSAGE}
  My Keyword    ${CURDIR}

Another Test
  Should Be Equal    ${MESSAGE}    Hello, world!
```

```
*** Keywords ***
My Keyword
    [Arguments]    ${path}
    Directory Should Exist    ${path}
```

在 robot 脚本中,节(section)是由系统定义的,不能自定义节,每个节都有各自的功能,见表 7.1。

表 7.1　robot 节(section)

节	用途
Settings	导入测试库、资源文件和变量文件;定义测试套件和测试用例的元数据
Variables	定义可在测试数据中其他地方使用的变量
Test Cases	从可用关键字中创建测试用例
Keywords	从现有的关键字中创建新的用户关键字
Comments	脚本注释信息,框架将忽略此节内容

2)配置(Settings)

Settings 节主要用于配置脚本说明文档及引入库,代码如下:

```
*** Settings ***
Documentation    脚本说明
#使用关键字 Library 引入需要的库
Library    OperatingSystem
```

3)变量(Variables)

RobotFramework 支持 3 种类型的变量:标量变量、列表变量和字典变量。标量变量存储单个数据值,列表变量存储一组数据值,字典变量存储以键值对的形式构建的一组数据值。RobotFramework 使用 ${name} 形式表示标量变量,@{name} 形式表示列表变量,&{name} 形式表示字典变量。

(1)创建变量

通常我们在 Variables 节创建变量,新建文件 test_sample2.robot,完成代码:

```
*** Variables ***
#创建标量变量
${NAME}       Robot Framework
${VERSION}    2.0    #标量变量值来源其他变量
${ROBOT}      ${NAME} ${VERSION}
#创建列表变量
```

```
@{NAMES}    Matti    Teppo
# 列表变量值来源其他列表
@{NAMES2}    @{NAMES}  Seppo
# 创建空列表
@{NOTHING}
# 列表变量值较多时,可以换行,换行时必须使用  对多行数据进行拼接
@{MANY}    one    two    three    four
           five   six    seven
# 创建字典变量,变量名可以用一个空格分隔
&{USER 1}    name=Matti  address=xxx    phone=123
# 创建字典变量时,如果数据值较多,可以使用拼接多行数据
# 也可以使用其他字典数据构建新的列表
&{EVEN MORE}    &{USER 1}    first=override
                empty=empty    key\=here=value
```

（2）使用变量

在"test_sample2.robot"中添加代码,运行脚本并观察运行结果,代码如下：

```
*** Test Cases ***
List Variable
  # 输出单个变量值
  log  ${NAME}
  # 输出多个变量值
  log many  @{NAMES}
  log many  ${NAMES}[1:]
  log many  &{EVEN MORE}
  # 输出列表中的单个值
  log  ${NAMES}[0]
  log  ${EVEN MORE}[first]
  # 测试变量值
  Should Be Equal  ${VERSION}  2.0
```

（3）变量赋值

```
Example
  # 使用关键字 set variable 为标量变量赋值
  ${x}=  set variable  100
  # 一次赋值多个变量
  ${y}  ${z}=  set variable  101  102
  # 使用另一个变量值赋值
```

```
${w}=  get variable value ${x}
Log   We got ${w} ${x} ${y} ${z}!
# 使用 Create List 关键字为列表变量赋值
@{list}=  Create List  first  second  third
Length Should Be  ${list}  3
Log Many  @{list}
# 使用 Create Dictionary 关键字为字典变量赋值
&{dict}=  Create Dictionary  first=1  second=2  third=3
Log  ${dict.first}
```

4）关键字（Keywords）

关键字部分用于通过将现有关键字组合在一起来创建新的更高级别的关键字，这些关键字称为用户关键字。

（1）构建并使用 Keywords

```
*** Test Cases ***
One Return Value
  ${ret} =  Return One Value
  should be equal as integers  ${ret}  200
  log  ${ret}


*** Keywords ***
Return One Value
  ${value} =  evaluate  100 + 100
  [Return]  ${value}
```

用户关键字类似于 Python 中的函数，由关键字名字和实现构成。在这个例子中，定义了一个名为 Return One Value 的关键字，用于实现计算 100+100 的值并返回结果，在名为 One Return Value 的测试用例中，使用关键字 Return One Value 并验证关键字返回结果。这里需要注意的是，当关键字名字由多个单词构成时，使用单个空格分隔。

（2）传递参数

```
*** Test Cases ***
Check Add
  ${ret} =  Add  100  100
  should be equal as integers  ${ret}  200
  log  ${ret}

*** Keywords ***
```

```
Add
    [Arguments]  ${arg1}  ${arg2}
    ${value} =  evaluate  ${arg1} + ${arg2}
    [Return]  ${value}
```

用户关键字使用 Arguments 指定参数，在使用时，Arguments 指定需要传入的参数和参数类型，调用用户关键字，只需按照关键字约定传递对应类型和个数的参数即可。

5）测试用例（Test Cases）

测试用例是在 Test Cases 部分根据可用关键字构建的，是测试逻辑真正的实现部分，每个测试用例都需要实现对某个测试项的某个测试点进行测试的逻辑。

（1）测试用例样例

```
*** Test Cases ***
Check Add
    ${ret} =  evaluate  100+100
    should be equal as integers  ${ret}  200
```

与 pytest 类似，测试用例主要需要做的工作是验证结果是否正确。在这个例子中，使用关键字 should be equal as integers 验证加法运算是否正确。

（2）验证关键字

系统内建验证关键字，见表 7.2。

表 7.2 验证关键字

关键字	验证规则	案例
Should [not] Be Empty	验证值是否为空	should be empty @{list} should not be empty @{list}
Should [not] Be Equal [as Integers|Numbers| Strings]	验证值是否相等	should be equal ${value} 1 should be equal as integers ${value} 1
Should [not] Be True	验证值是否为真	should be true ${value}
Should [not] Contain	验证是否包含某个值	should contain @{list} 1
Should [not] Start|End With	验证字符串前缀/后缀是否一致	should start with ${string} a
Should [not] Match	正则验证	should match ${string} h?*
Length Should Be	验证值长度是否匹配	length should be @{list} 5
Variable Should [not] Exist	验证变量是否存在	variable should exist ${value}

在大多数情况下，可以使用表 7.2 中的关键字来完成变量值的验证测试。在一些特殊情况下，也可以主动发起验证失败信息，以灵活控制测试流程。使用关键字 Fail 主动发起验证失败。代码如下：

```
Fail  验证失败原因
```

（3）注释与标记测试用例

```
*** Test Cases ***
Check Add
  [Documentation]    这是一个测试用例
  [Tags]    Sample demo
  ${ret}=    evaluate    100+100
  should be equal as integers    ${ret}    200
```

使用 Documentation 添加注释，使用 Tags 添加标记，为测试用例添加注释和标记后，便于查阅和筛选测试报告。

（4）预处理和后处理（setup/teardown）

与其他测试框架一样，RobotFramework 同样提供了预处理和后处理支持，需要在脚本文件 Settings 节进行配置。代码如下：

```
*** Settings ***
Test Setup     log setup
Test Teardown  log teardown


*** Test Cases ***
Check Add
  [Documentation]    这是一个测试用例
  [Tags]    Sample demo
  ${ret}=    evaluate    100+100
  should be equal as integers    ${ret}    200


*** keywords ***
log setup
  log    setup
log teardown
  log    teardown
```

查看测试报告，可以看到在执行测试用例之前和执行测试用例之后，预处理方法和后处理方法分别得到执行，如图 7.6 所示。

图 7.6　测试报告

(5)测试模板(Template)

Template 将普通的关键字驱动测试用例转换为数据驱动测试用例。数据驱动测试用例的主体是由关键字及其可能的参数构造的,带有模板的测试用例包含模板关键字的参数,在每个测试文件中的所有测试中多次重复相同的关键字。代码如下:

```
*** Test Cases ***
template test case
  [Template]  log
  光荣之路
  测试开发培训
```

在这个例子中,指定了测试模板,执行 log 操作,并且为模板提供了两条数据,在运行测试用例时,两条数据都将作为 log 的参数得到执行,如图 7.7 所示。

图 7.7 测试报告

为了更灵活地支持特定类型的测试逻辑,可以在测试模板中使用参数。代码如下:

```
*** Test Cases ***
Template with embedded arguments
  [Template]   The result of ${calculation} should be ${expected}
  1 + 1  2
  1 + 2  3


*** Keywords ***
The result of ${calculation} should be ${expected}
  ${result} =   evaluate   ${calculation}
  should be equal as numbers  ${result}   ${expected}
```

7.3 案例:RobotFramework 接口测试框架

在本案例中,以 PetStore 接口为例展示如何搭建 RobotFramework 接口测试框架。

7.3.1 准备工作

本案例对 user 相关接口进行测试,请同学们在学习后续内容前,仔细研究 user 相关接口,确保掌握各个接口的使用方法和作用。接口说明文档地址:https://petstore.swagger.io/#/user,如图 7.8 所示。

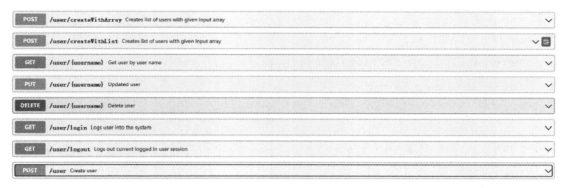

图 7.8　案例接口

7.3.2　项目结构

项目结构，如图 7.9 所示。

图 7.9　项目结构

report 文件夹：存放测试报告。

test_cases 文件夹：存放测试用例。

resources 文件夹：存放工具类代码。

7.3.3　构建网络请求工具类

在 resources 文件夹中创建文件 request.robot，完成代码如下：

```
*** Settings ***
Library    RequestsLibrary


*** Variables ***
${host}        petstore.swagger.io
${base_url}    https://${host}/v2/
${username}    robot


*** Keywords ***
```

```
GET URL
    [Arguments]    ${url}
    Create Session    my_session    ${base_url}
    ${response}    GET On Session    my_session    ${url}
    [return]    ${response}

POST URL
    [Arguments]    ${url}    ${data}
    ${headers}    Create Dictionary    Content-Type=application/json
    Create Session    my_session    ${base_url}
    ${response}    POST On Session    my_session
    ...    ${url}    headers=${headers}    json=${data}
    [return]    ${response}


PUT URL
    [Arguments]    ${url}    ${data}
    ${headers}    Create Dictionary    Content-Type=application/json
    Create Session    my_session    ${base_url}
    ${response}    PUT On Session    my_session
    ...    ${url}    headers=${headers}    json=${data}
    return    ${response}


DELETE URL
    [Arguments]    ${url}
    Create Session    my_session    ${base_url}
    ${response}    DELETE On Session    my_session    ${url}
    return    ${response}
```

7.3.4 构建接口调用方法

为了调用 user 相关接口,在 resources 文件夹中创建 user_client.robot 文件,完成代码如下:

```
*** Settings ***
Resource    ./request.robot
```

```
*** Variables ***
&{user}   username=robot    firstName=F   lastName=L
          email=robot@rf.com    password=123456
          phone=13000000000    userStatus=0

*** Keywords ***

ADD USER
  ${response}=  POST URL   url=/user    data=&{user}
  [return]   ${response}

GET USER
  ${response}=  GET URL   /user/${user}[username]
  [return]   ${response}
```

7.3.5 构建测试用例

在 test_cases 文件夹中创建 "test_user.robot" 文件，完成测试用例代码如下：

```
*** Settings ***
Resource   ../resources/user_client.robot

*** Test Cases ***
TEST ADD USER
  ${response}=   ADD USER
  Should Be Equal As Strings   ${response.status_code}   200

TEST GET USER
  ${response}=   GET USER
  Should Be Equal As Strings   ${response.status_code}   200
```

这里只展示了用例编写方法，还有很多接口没有纳入测试，请同学们自行补充完善。

7.3.6 执行测试用例

使用 "robot -d report." 命令执行测试用例，这里的 "-d" 参数作用为指定测试报告输出路径，如图 7.10 所示。

```
C:\Testing\robot_pet_store>robot -d report .
==============================================================================
Robot Pet Store
==============================================================================
Robot Pet Store.Test Cases
==============================================================================
Robot Pet Store.Test Cases.Test User
==============================================================================
TEST ADD USER                                           d:\program files\python\python38\lib\site-packages\urllib3\connectionpool.p
y:981: InsecureRequestWarning: Unverified HTTPS request is being made to host '127.0.0.1'. Adding certificate verification is strongly advised. S
ee: https://urllib3.readthedocs.io/en/latest/advanced-usage.html#ssl-warnings
  warnings.warn(
TEST ADD USER                                                         | PASS |
------------------------------------------------------------------------------
TEST GET USER                                           d:\program files\python\python38\lib\site-packages\urllib3\connectionpool.p
y:981: InsecureRequestWarning: Unverified HTTPS request is being made to host '127.0.0.1'. Adding certificate verification is strongly advised. S
ee: https://urllib3.readthedocs.io/en/latest/advanced-usage.html#ssl-warnings
  warnings.warn(
TEST GET USER                                                         | PASS |
------------------------------------------------------------------------------
Robot Pet Store.Test Cases.Test User                                  | PASS |
2 critical tests, 2 passed, 0 failed
2 tests total, 2 passed, 0 failed
==============================================================================
Robot Pet Store.Test Cases                                            | PASS |
2 critical tests, 2 passed, 0 failed
2 tests total, 2 passed, 0 failed
==============================================================================
Robot Pet Store                                                       | PASS |
2 critical tests, 2 passed, 0 failed
2 tests total, 2 passed, 0 failed
==============================================================================
Output:  C:\Testing\robot_pet_store\report\output.xml
Log:     C:\Testing\robot_pet_store\report\log.html
Report:  C:\Testing\robot_pet_store\report\report.html
```

图 7.10　运行结果

测试代码执行完成后，查看 report 文件夹中的 "report.html" 文件，查看测试结果，如图 7.11 所示。

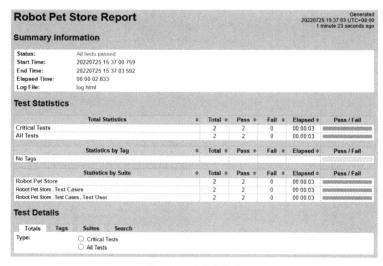

图 7.11　测试报告

课后习题

按照以下要求，使用 RobotFramework 测试框架对站点 petstore.swagger.io 用户登录接口和用户退出登录接口进行测试：

（1）在"user_client.robot"文件中添加用户登录关键字和用户退出登录关键字。

（2）在"test_user.robot"文件中增加登录接口测试用例,要求验证正确提交数据的场景下,登录接口返回值是否等于200。

（3）在"test_user.robot"文件中增加退出登录接口测试用例,要求验证正确提交数据的场景下,退出登录接口返回值是否等于200。

第 8 章　Selenium 自动化测试

Selenium 是一款 Web 应用程序测试工具,能够直接在浏览器中运行,通过模拟用户的真实操作来测试 Web 应用。它可以与多种编程语言结合使用,并且能够支持在所有主流操作系统和多个浏览器中执行这些测试。支持的浏览器包括 IE、Firefox、Google Chrome、Safari 和 Opera 等。Selenium 的主要功能包括测试与浏览器的兼容性、测试系统功能、支持自动录制动作和自动生成 .Net、Java、Perl 等不同语言的测试脚本。

【学习目标】

- ◆ 掌握 Selenium IDE 录制和回放测试用例的方法;
- ◆ 掌握添加和修改 Selenium 脚本的方法;
- ◆ 熟悉 Selenium IDE 的常用命令;
- ◆ 掌握断言与验证的使用方法;
- ◆ 掌握元素等待、元素定位等操作的使用方法;
- ◆ 掌握导入导出脚本的方法。

8.1　Selenium IDE 安装

8.1.1　下载火狐浏览器并安装

使用浏览器打开火狐浏览器官方网站,并单击"下载 Firefox"按钮,如图 8.1 所示。

图 8.1　单击"下载 Firefox"按钮

双击下载好的安装包进行在线安装,安装完毕后单击即可立即启动浏览器。

8.1.2　安装 Selenium IDE

在火狐浏览器中,单击应用程序菜单按钮,选择"更多工具",在"更多工具"栏中选择"面向开发者的扩展",如图 8.2 所示。

图 8.2　面向开发者的扩展

进入扩展页面,单击"Selenium IDE",如图 8.3 所示。

图 8.3　单击"Selenium IDE"

进入"Selenium IDE"详情页,单击"添加到 Firefox"按钮,如图 8.4 所示。

图 8.4　单击"添加到 Firefox"按钮

弹出"是否添加扩展"的提示窗口，单击"添加"按钮即可添加扩展，如图 8.5 所示。

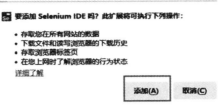

图 8.5　单击"添加"按钮

提示"Selenium IDE 已添加"对话框，如图 8.6 所示。

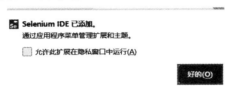

图 8.6　提示已添加

Selenium IDE 安装成功后，在浏览器右侧窗口显示小图标，如图 8.7 所示。

图 8.7　Selenium IDE 图标显示

8.1.3　Selenium IDE 界面介绍

1）开始界面

单击 Se 小图标，打开 Selenium IDE，显示开始界面，如图 8.8 所示。

图 8.8　开始界面

开始界面中，有 4 个选项可以选择，用户可选择对应的功能：

①Record a new test in a new project：在新项目中录制测试。

②Open an existing project：打开存在的项目。

③Create a new project：创建新项目。

④Close Selenium IDE：关闭。

2）主界面

（1）菜单栏

左边显示项目名称,可以修改项目名称,右边显示创建项目按钮、打开项目按钮、保存项目按钮。IDE 扩展功能如图 8.9 所示。

图 8.9　菜单栏

（2）Base URL 栏

Base URL 栏,如图 8.10 所示。

图 8.10　Base URL 栏

Base URL 中的下拉菜单可以记住你前几次的输入值。

Selenese 命令:"打开(open)"会打开你在 Base URL 中输入的网页。

Base URL 在访问相对地址时很好用。假设你的 Base URL 设置为 http://www.baidu.com,那么执行 open,target 设置为 signup 时,Selenium IDE 会直接访问登录页面。

（3）工具栏

工具栏如图 8.11 所示。

图 8.11　工具栏

①执行所有的测试:将会依次执行这个测试 suite 集合中的所有测试用例。

②执行当前测试:将执行当前选中的测试用例。

③跳过当前命令:回放时,可以跳过选中的命令。

④回放速度设定:控制执行测试脚本速度。

⑤断点:设置断点。

⑥暂停/继续:将会暂停或者继续回放操作。

⑦录制:开始/结束你的录制会话,每个浏览器的行为你都在编辑器中用 Selenese 命令录入。

（4）测试用例面板

①Tests:在 Selenium IDE 中,可以同时创建多个测试用例,都会显示在 Tests 栏中。

当选中某个测试用例时,会高亮显示选中的用例。

运行完用例后,用红色的"×"表示测试用例不通过,用绿色的"√"表示测试用例通过。
可以对单个测试用例进行重命名、复制、删除及导出操作,如图 8.12 所示。

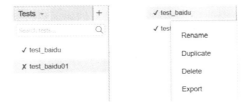

图 8.12　测试用例面板及操作

②Test suites:可以将测试用例添加到测试集中一起执行,如图 8.13 所示。

图 8.13　测试集

③Executing:显示执行过的测试用例,下面还显示运行测试用例个数和失败个数的统计,如图 8.14 所示。

图 8.14　测试执行

（5）编辑器

编辑器中用表格视图记录所有的测试动作,也可以手动添加和修改 Selenese 命令,运行结束后,每个动作都用颜色标注,绿色表示运行通过,红色表示运行不通过,如图 8.15 所示。

图 8.15　编辑器

①Command 栏中可以输入命令,或者下拉选择需要的命令。
②Target 栏中填入该命令的参数,大部分填入目标元素的位置。
③Value 栏中输入对应的值,有值则填写,无值可以不填写。
④Description 栏中对该命令的注释。

（6）日志面板

日志面板分为两个部分：一是 Log 日志部分记录了运行代码的情况；二是 Reference 参考面板记录当前选中的命令做什么，怎么用，怎么传递值，如图 8.16 所示。

图 8.16　日志面板

8.2　录制与回放

8.2.1　录制测试用例

Selenium IDE 的录制功能，对于没有编程基础的初学者来说，是非常友好的，不需要编写代码，通过录制功能就可以把测试步骤录制出来。

（1）录制过程

使用百度首页为例，演示录制过程如下：

①在开始界面，选择第一个选项，在新项目中录制测试用例，如图 8.17 所示。

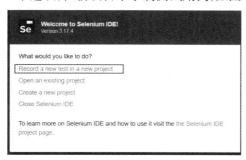

图 8.17　在新项目中录制测试用例

②填写项目名称，单击"OK"按钮，如图 8.18 所示。

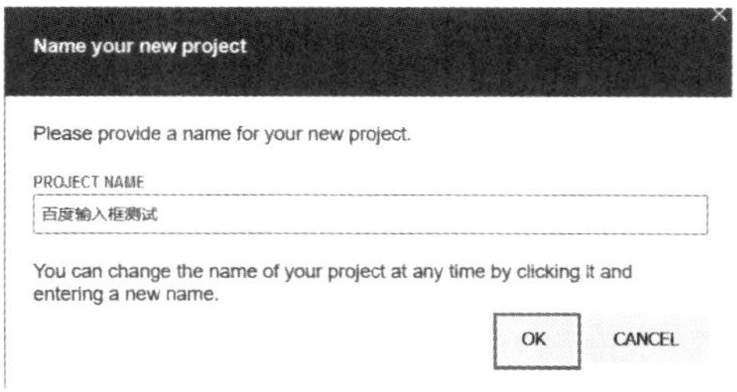

图 8.18　填写项目名称，单击"OK"按钮

③输入被测系统网址,单击"START RECORDING"按钮开始进行录制,如图 8.19 所示。

图 8.19 开始录制

④用浏览器打开百度首页,首页中会出现"Selenium IDE is recording ..."录制中的字样,表示正在进行录制,如图 8.20 所示。

图 8.20 出现"Selenium IDE is recording ..."字样

(2)录制测试步骤

①最大化浏览器窗口,在百度搜索框中输入"selenium IDE",然后单击"百度一下"按钮,如图 8.21 所示。

图 8.21 录制结果

②录制完成后,返回到"Selenium IDE"中,单击"Stop recording"按钮,停止录制,如图 8.22 所示。

图 8.22　停止录制

③输入测试用例名称,单击"OK"按钮,如图 8.23 所示。

图 8.23　输入测试用例名称

④在"编辑器栏"中,生成每一步测试步骤的脚本,如图 8.24 所示。

	Command	Target	Value
1	open	/	
2	set window size	1550x838	
3	click	id=kw	
4	type	id=kw	selenium IDE
5	click	css=.s_form	
6	click	id=su	

图 8.24　测试脚本

⑤录制完后,测试用例需要保存,按"Ctrl+S"即可保存。在"另存为"对话框中选择文件存放路径,文件后缀名设为".side",单击"保存"按钮,如图 8.25 所示。

图 8.25　保存文件

8.2.2 回放测试用例

①录制完成后,需要对测试用例进行回放操作,单击"Run current test(回放)"按钮,如图 8.26 所示。

图 8.26 单击"回放"按钮

②回放时,会依次执行每一个步骤,回放完成后,每一个测试步骤都会标识为绿色并打钩,表示该步骤已通过。日志面板也会提示测试用例运行成功,如图 8.27 所示。

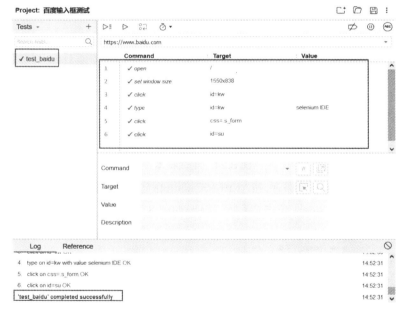

图 8.27 回放结果显示

8.3 Selenium IDE 常用操作

8.3.1 修改脚本

Selenium IDE 录制的脚本不一定百分之百能满足我们的需求,因此对录制好的脚本进行修改也是非常重要的。

Selenium IDE 命令由 Command、Target 和 Value 3 个部分组成。选中需要修改的命令行,然后就可以在下面的标签栏中对应进行修改,如图 8.28 所示。

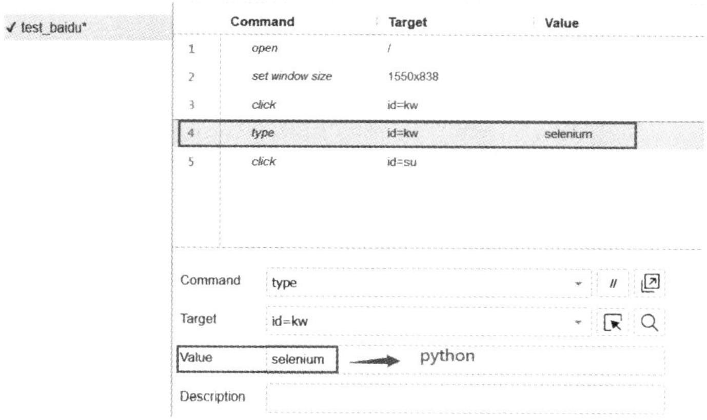

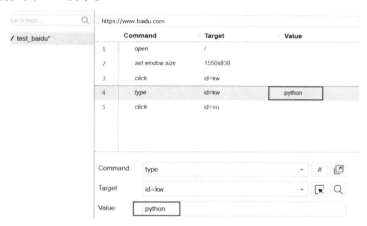

图 8.28　修改前

修改成功后,如图 8.29 所示。

图 8.29　修改后

8.3.2　插入测试用例

除了修改脚本,还可以插入脚本,选择插入命令位置进行插入,如图 8.30 所示。

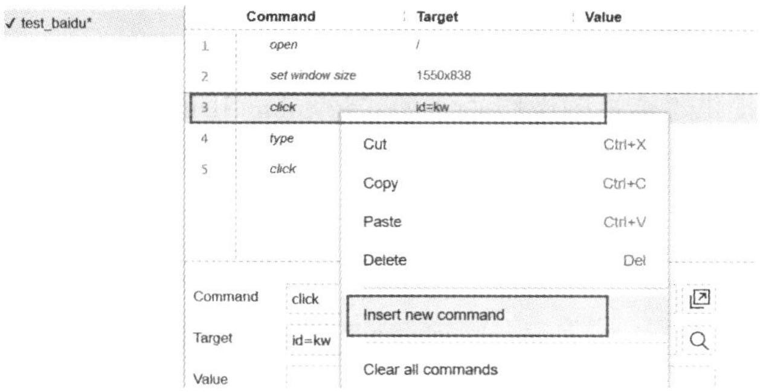

图 8.30　插入新命令

在选中的命令行前面，新生成一条空的命令行，如图 8.31 所示。

图 8.31　插入后的效果

在"Command"栏中，选择一条命令，如图 8.32 所示。

图 8.32　选择命令

验证网页的标题是否一致，如图 8.33 所示。

图 8.33　验证网页的标题

8.3.3　Selenium IDE 命令

Selenium IDE 中提供了丰富的操作命令，在"Selenium IDE"的"Command"下拉列表中可以选择使用这些命令，如图 8.34 所示。

图 8.34　Selenium IDE 命令

Selenium 常用命令见表 8.1。

表 8.1 Selenium 常用命令

Command	Target	Value	说明
open	URL 地址		在浏览器中打开 URL,可以接收相对路径和绝对路径两种形式 注意:该 URL 必须在与浏览器相同的安全限定范围之内
click	元素定位器		单击目标元素,如链接、按钮、复选框或单选按钮
type	元素定位器	要输入的值	模拟用户的输入,向指定的 input 中输入值,也可以给复选框和单选框赋值
set window size	分辨率		设置浏览器的窗口大小,包括浏览器的界面 分辨率:使用 width * height 指定窗口分辨率,如 1280 × 800
send keys	元素定位器	键序列	模拟键盘敲击事件,逐个键入值 键序列:要键入的键序列,可用于触发键盘事件,如 ${KEY_ENTER}
close			关闭当前窗口。初始窗口无须关闭,IDE 会重新使用,关闭初始窗口可能会导致测试性能下降
assert text	元素定位器	Text(精确的字符串匹配)	确认元素的文本是否包含提供的值。如果断言失败,测试将停止
assert title	元素定位器	Text(精确的字符串匹配)	确认当前页面的网页标题是否包含提供的文本。如果断言失败,测试将停止
assert element present	元素定位器		确认目标元素是否在页面中显示,如果断言失败,测试将停止
verify text	元素定位器	Text(精确的字符串匹配)	软断言元素的文本存在。即使验证失败,测试仍将继续
verify title	元素定位器	Text(精确的字符串匹配)	软断言当前页面的标题包含提供的文本。即使验证失败,测试仍将继续
verify element present	元素定位器		软断言目标元素在页面中显示。即使验证失败,测试仍将继续
wait for element present	元素定位器	等待时间(3000)	等待目标元素出现在页面上
wait for element visible	元素定位器	等待时间(3000)	等待目标元素在页面上可见
submit	表单定位器		提交表单,用于没有提交按钮的表单提交
select	选择定位器	option	使用选项定位器从下拉菜单中选择一个元素。选项定位器提供了指定选择元素的不同方式。如果未提供选项定位器前缀,则将尝试在标签上进行匹配

续表

Command	Target	Value	说明
store text	元素定位器	变量名	获取元素的文本并将其存储供以后使用。这适用于任何包含文本的元素
store title	页面标题	变量名	获取当前页面的标题
store value	元素定位器	变量名	获取元素的值并将其存储供以后使用。这适用于任何输入类型元素

8.3.4 断言与验证

断言的用法,如图 8.35 所示。

图 8.35 录制时,使用断言

8.3.5 元素等待

由于网络环境因素,自动化测试时网页可能存在加载慢的情况,需要在测试用例中添加等待元素的命令。等待元素一般添加到页面需要跳转的部分,如图 8.36 所示。

图 8.36 元素等待

等待元素显示,注意需要添加 value 值,值为 10000 ~ 30000 毫秒。

等待元素文本,value 值是等待的那个元素的文本。

8.3.6 元素定位

使用 Selenium 进行自动化测试最核心的环节就是元素定位,只有先找到元素,才能对元素做相应的操作,如图 8.37 所示。

图 8.37 元素定位

在 Selenium IDE 中,单击"target"栏中的元素定位按钮,可以使用定位功能,方便快捷地找到元素,如图 8.38 和图 8.39 所示。

图 8.38 元素定位按钮

图 8.39 在页面中找元素

还可以查找元素在页面中的位置,单击后,高亮显示元素在页面中的位置,如图 8.40 所示。

图 8.40 查找元素

8.3.7 保存项目，新建测试用例

单击"+"号即可创建新的测试用例。由于一个测试项目通常包含多个测试用例，用户可能需要多次单击"+"号来添加所需的测试用例，如图 8.41 所示。

图 8.41　添加测试用例

添加测试用例时，注意用例名称不可以重复，添加完成后，再次单击"录制"按钮即可开始录制，如图 8.42 所示。

图 8.42　添加后，录制

所有测试用例添加完成后，单击"Ctrl+S"保存项目，项目保存后便于下次继续使用。

8.3.8 导出脚本

选中需要导出的测试用例，用鼠标右键选择"Export"，如图 8.43 所示。

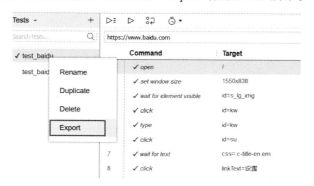

图 8.43　导出功能

选择需要导出的语言，这里一般选择 Python 语言，如图 8.44 所示。

图 8.44　选择语言

导出的文件，可以使用 PyCharm 编辑器打开，如图 8.45 所示。

```
# Generated by Selenium IDE
import ...

class TestTestbaidu():
    def setup_method(self, method):
        self.driver = webdriver.Firefox()
        self.vars = {}

    def teardown_method(self, method):
        self.driver.quit()

    def test_testbaidu(self):
        self.driver.get("https://www.baidu.com/")
        self.driver.set_window_size(1550, 838)
        WebDriverWait(self.driver, 10).until(expected_conditions.visibility_of_element_located((By.ID, "s_lg_img")))
        self.driver.find_element(By.ID, "kw").click()
        self.driver.find_element(By.ID, "kw").send_keys("selenium")
        self.driver.find_element(By.ID, "su").click()
        WebDriverWait(self.driver, 30).until(expected_conditions.text_to_be_present_in_element((By.CSS_SELECTOR, ".c-title-en em"),
        self.driver.find_element(By.LINK_TEXT, "设置").click()
```

图 8.45　在编辑器中打开

8.4　案例：自动化测试练习网站测试

自动化测试练习网站地址：https://www.saucedemo.com/，登录页面如图 8.46 所示。

图 8.46　登录页面

8.4.1　案例要求

使用账号 standard_user，密码 secret_sauce 登录购物网站，验证登录是否成功；单击菜单栏中的"退出"按钮，确保用户能正常退出网站，并验证系统是否将用户重定向回到登录页面。

8.4.2 案例实现步骤

1）新建项目开始录制

①在开始界面，单击第一个选项，输入项目名称，单击"OK"按钮，如图 8.47 所示。

图 8.47　新建项目

②输入自动化测试练习网站网址，并开始录制，如图 8.48 所示。

图 8.48　输入测试网址并开始录制

③开始录制测试步骤，输入用户名和密码，单击"LOGIN"按钮，进入商品列表页面，如图 8.49 所示。

图 8.49　录制画面

④在商品列表页面，选中需要验证的文本"PRODUCTS"，单击鼠标右键选择"Selenium IDE"→"Verify"→"Text"，如图 8.50 所示。

图 8.50　添加验证

⑤单击菜单栏中的"LOGOUT"按钮,退出登录,如图 8.51 所示。

图 8.51 退出录制

⑥返回登录页面,验证回到登录页面,如图 8.52 所示。

图 8.52 登录页面添加验证

⑦检查编辑器中的所有脚本后,单击"停止录制"按钮,如图 8.53 所示。

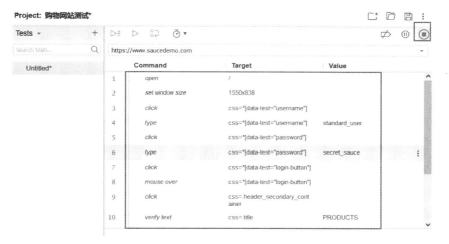

图 8.53 检查脚本,停止录制

⑧填写测试用例名称,单击"OK"按钮,如图 8.54 所示。

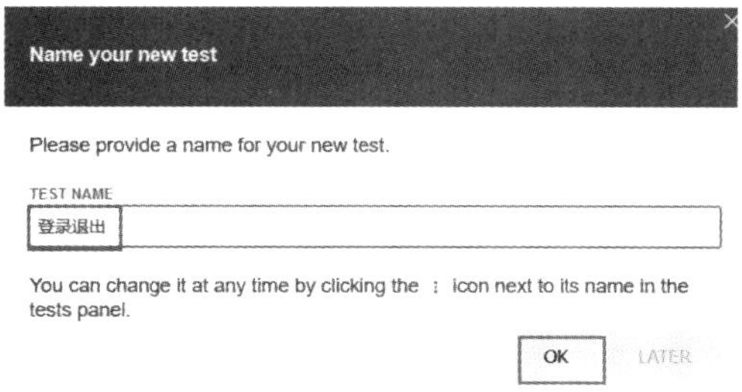

图 8.54 创建测试用例名称

2)修改测试脚本

①由于在录制过程中,系统会详细记录下所有的动作,包括鼠标移入移出,或者点击页面的各个位置。录制完成后,需要修改测试脚本,删除那些不必要的步骤。选中不要的步骤,右键选择“Delete”功能,如图 8.55 所示。

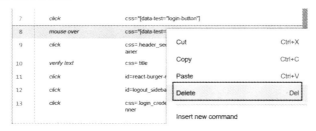

图 8.55　删除多余脚本

②删除多余步骤后,发现最后返回登录页面的验证没有录制上,此时可以再次进行录制,选中需要插入脚本的位置,单击“录制”,如图 8.56 所示。

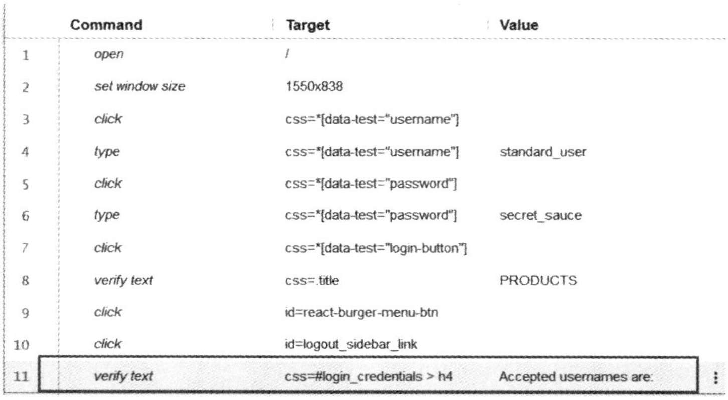

	Command	Target	Value
1	open	/	
2	set window size	1550x838	
3	click	css=*[data-test="username"]	
4	type	css=*[data-test="username"]	standard_user
5	click	css=*[data-test="password"]	
6	type	css=*[data-test="password"]	secret_sauce
7	click	css=*[data-test="login-button"]	
8	verify text	css=.title	PRODUCTS
9	click	id=react-burger-menu-btn	
10	click	id=logout_sidebar_link	
11	verify text	css=#login_credentials > h4	Accepted usernames are:

图 8.56　补录脚本

为了避免打开多个浏览器窗口,可以在脚本最后加入“close”命令,关闭浏览器窗口,如图 8.57 所示。

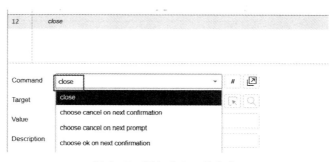

图 8.57　添加“close”命令

3)回放测试脚本

检查脚本无误后,就可以单击“回放”按钮,对测试用例进行回放,回放完成后,显示所有步骤都通过,说明脚本没有出现错误或异常,如图 8.58 所示。

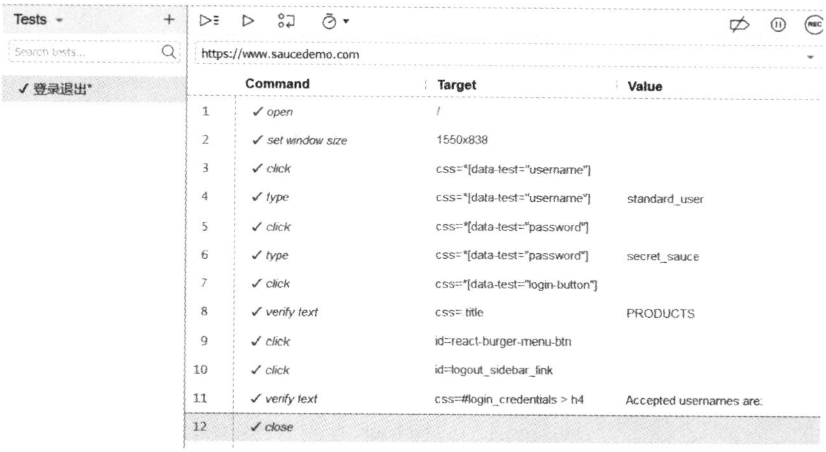

图 8.58 回放脚本

4)保存项目

使用快捷键"Ctrl+S"可以快速保存当前的测试项目。在弹出的对话框中选择测试项目存放的位置,并单击"保存"按钮,对测试项目进行保存。下次启动测试工具时,可以直接在开始界面选择打开已存在的项目选项。

课后习题

按照以下要求,使用 Selenium IDE 录制 https://www.saucedemo.com/ 站点测试脚本:
(1)使用账号 standard_user,密码 secret_sauce,登录站点。
(2)找到商品列表页中的第一件商品,单击"Add to cart"按钮,将商品加入购物车。
(3)单击"购物车"按钮,进入购物车页面。
(4)在购物车页面单击"Checkout",进入订单结算页面。
(5)在订单结算页面填写个人信息,单击"Continue"按钮。
(6)单击"Finish"按钮,完成订单。

第 9 章　Selenium Web UI 测试

Selenium 是一个强大的 Python 库，用于自动化 Web 浏览器交互。它允许开发者编写程序来模拟用户在浏览器中的行为，如点击按钮、填写表单、导航到不同页面等。对于需要 JavaScript 来加载内容的动态网页，Selenium 能够模拟浏览器行为并获取这些动态内容，这是传统接口测试工具可能无法实现的。Selenium 的优势在于其跨浏览器和跨平台的兼容性、模拟真实用户操作的能力、动态内容的处理能力、功能强大的 API 支持、活跃的社区贡献以及多种测试框架的集成能力。这些特点使得 Selenium 成为 Web 自动化测试的首选工具之一。

【学习目标】

- ◆ 掌握 Web 元素定位的使用；
- ◆ 掌握元素的操作方法；
- ◆ 掌握鼠标、键盘的操作方法；
- ◆ 掌握元素的等待方法；
- ◆ 掌握多表单 / 多窗口的切换方法；
- ◆ 掌握警告框与弹出框的处理方法；
- ◆ 掌握单选按钮、复选按钮和下拉列表框的处理方法。

9.1　测试环境搭建

9.1.1　安装 Python Selenium 库

```
升级 pip：python -m pip install --upgrade pip
安装 selenium：pip install selenium
查看 selenium：pip show selenium
```

9.1.2　安装浏览器及对应浏览器的驱动

1）Firefox 浏览器的驱动设置

（1）安装 Firefox 浏览器的驱动

在 Firefox 官网下载 Firefox 浏览器的驱动程序"geckodriver.exe"，下载时，根据自己的电脑操作系统选择不同的程序包,如图 9.1 所示。

图 9.1　驱动版本

解压下载的"geckodriver"压缩包,然后将"geckodriver.exe"复制到 Python 安装目录下,如图 9.2 所示。

图 9.2　复制到 Python 安装目录下

需要注意的是:在载搭建过程中,Python、Firefox 和 geckodriver 都需添加到环境变量中。因为 Python 已经被添加到了环境变量中,所以直接把"geckodriver.exe"放在 Python 的安装文件中即可,无须再配置环境变量。

(2)验证 Selenium 能否启动火狐浏览器

以管理员身份运行 cmd,在 cmd 命令窗口中输入 python 命令,回车,进入 Python 编辑状态,依次输入"from selenium import webdriver"和"webdriver.Firefox( )"命令,如图 9.3 所示。

图 9.3　输入验证命令

能成功通过 Selenium 调用 Firefox 浏览器,同时 Selenium 也能够正常启动,这表明安装成功。

（3）可能遇到的问题

问题 1：Message：'geckodriver' executable needs to be in PATH。

解决方案：下载 geckodriver.exe 驱动文件，找到 geckodriver.exe 路径，将其配置到环境变量 Path 中，使用本节的方法直接放在 Python 安装目录下也是可行的。

问题 2：Message：Expected browser binary location。

解决方案：firefox.exe 文件也需要配置到环境变量 Path 中，安装完 Firefox 后，找到 firefox.exe 文件，将其添加到 Path 中。

2）Chrome 浏览器的安装

（1）下载谷歌浏览器

谷歌浏览器的下载地址为 https://www.google.cn/chrome/，单击"下载 Chrome"按钮，如图 9.4 所示。

图 9.4　下载 Chrome

下载完成后，选择默认安装即可。

（2）安装谷歌浏览器驱动

chromedriver.exe 文件是调用 Chrome 的驱动文件，下载网址如下：

https://registry.npmmirror.com/binary.html?path=chromedriver/。

chromedriver.exe 的版本繁多，需要与自己下载的谷歌浏览器版本对应，若没有版本号一致的，找最接近的更新版本进行下载，如图 9.5 所示。

图 9.5　根据谷歌版本选择驱动版本

注意：谷歌浏览器版本会经常升级更新，一旦升级到新版本就需要更换谷歌浏览器驱动版本。

解压下载的"chromedriver_win32.zip"文件，将里面的"chromedriver.exe"复制到 Python 安装目录下即可完成安装。

（3）验证 Selenium

打开 PyCharm，在其中编写代码，然后运行代码，可以看到谷歌浏览器成功打开了百度首页，即成功安装。

```
from selenium import webdriver

driver = webdriver.Chrome()
driver.get("https://www.baidu.com")
```

9.2 案例：编写第一个 Selenium 自动化测试脚本

1）创建 test_baidu.py 文件

打开 PyCharm，新建项目"first_test"，创建"test_baidu.py"文件，选中项目，用鼠标右键选择"新建"→"python 文件"，在弹出的对话框中输入"test_baidu"后，回车。编写第一个 Selenium 自动化测试脚本，代码如下：

```
# 导入 selenium 下面的 webdriver 模块
from selenium import webdriver
# 导入 selenium 下面的 By 方法
from selenium.webdriver.common.by import By
# 调用 webdriver 模块下的 Firefox() 类，赋值给变量
driver = webdriver.Firefox()
# 使用 get() 方法访问百度首页
driver.get("https://www.baidu.com")
# 通过 find_element 方法定位页面上的搜索框并输入内容
driver.find_element(By.ID,"kw").send_keys('selenium')
# 通过 find_element 方法定位页面上的"百度一下"按钮并单击按钮操作
driver.find_element(By.ID,"su").click()
# 关闭浏览器
driver.quit()
```

2）运行代码

单击菜单栏中的运行命令，选择"运行 _'t_estbaidu'"，如图 9.6 所示。

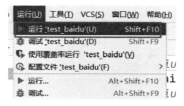

图 9.6 运行代码

Selenium 会自动调用 Firefox 浏览器，并按照自动化测试脚本打开百度首页，输入"selenium"并搜索，如图 9.7 所示。

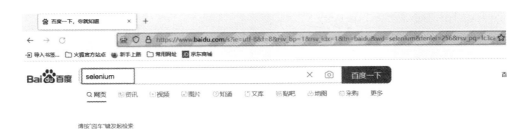

图 9.7　Firefox 浏览器的运行结果

运行结束后,没有报错,说明第一个 Selenium 自动化测试脚本正确。

9.3　元素定位

9.3.1　元素定位简介

Web 页面主要由 HTML、CSS 和 JavaScript 脚本构成。Web 页面中的各类视觉元素,如文本框、按钮、复选框、图片、超链接和表单等,在 Selenium 中都被称为页面元素。当我们想让 Selenium 自动操作页面时,就必须告诉 Selenium 如何定位元素。

使用 Firefox 浏览器打开百度首页,可以通过右键选择"检查",进入开发者模式,找到想要的元素标签,知道对应元素的属性、属性值和页面结构。百度首页的 HTML 代码如图 9.8 所示。

```
<!DOCTYPE html>
<!--STATUS OK-->
<html> event
▶<head>…</head>
▼<body class="" ssr="n"> event
    <a id="aging-total-page" role="pagedescription" aria-label="欢迎进入 百度一下，你就知道，盲人用户进入读屏幕模式请按快捷键Ctrl加Alt加R
    捷键Ctrl加Alt加问号键。" tabindex="0" href="javascript:void(0)"></a> event
  ▶<script>…</script>
  ▶<textarea id="s_is_result_css" style="display:none;">…</textarea>
  ▶<textarea id="s_index_off_css" style="display:none;">…</textarea>
  ▼<div id="wrapper" class="wrapper_new">
    ▶<script>…</script>
    ▼<div id="head"> event
      ▶<div id="s_top_wrap" class="s-top-wrap s-isindex-wrap " style="left: 0px;">…</div>
      ▶<div id="u">…</div> event
      ▼<div id="s-top-left" class="s-top-left-new s-isindex-wrap"> event
          <a class="mnav c-font-normal c-color-t" href="http://news.baidu.com" target="_blank">新闻</a> event
          <a class="mnav c-font-normal c-color-t" href="https://www.hao123.com?src=from_pc" target="_blank">hao123</a> event
          <a class="mnav c-font-normal c-color-t" href="http://map.baidu.com" target="_blank">地图</a> event
          <a class="mnav c-font-normal c-color-t" href="http://tieba.baidu.com/" target="_blank">贴吧</a> event
```

图 9.8　百度首页的 HTML 代码

通过 Web 页面的代码可以定位到百度搜索框,搜索框 <input> 标签包含 id、class 和 name 等属性,如图 9.9 所示。

```
▼<span class="bg s_ipt_wr new-pmd quickdelete-wrap"> event
   <span class="soutu-btn"></span> event
   <input id="kw" class="s_ipt" name="wd" value="" maxlength="255" autocomplete="off"> event
   <i class="c-icon quickdelete c-color-gray2" title="清空"></i> event
   <i class="quickdelete-line"></i>
   <span class="soutu-hover-tip" style="display: none;">按图片搜索</span>
 </span>
▶<span class="bg s_btn_wr">…</span> event
```

图 9.9　定位百度搜索框

9.3.2 浏览器定位元素

大部分浏览器都内置了相关插件或组件,能够帮助我们快速、简洁地展示各类元素的属性定义、DOM 结构和 CSS 样式等属性。

（1）Firefox 浏览器

打开 Firefox,以百度首页为例,通过按"F12"或者右键选择"检查"调用开发者工具,然后单击" "按钮,从页面中选择百度搜索框,此时,在查看器中可以高亮显示搜索框中的代码,如图 9.10 所示。

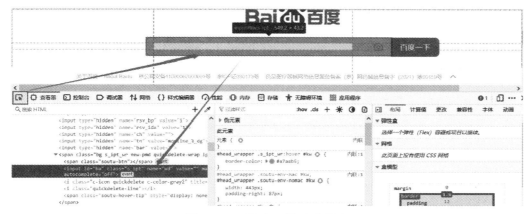

图 9.10　开发者工具,定位元素

移动鼠标到高亮显示的 HTML 代码处,单击鼠标右键选择"复制",就能复制出 CSS 或 XPath 定位方式的代码,如图 9.11 所示。

图 9.11　复制定位方式

（2）Chrome 浏览器

Chrome 浏览器与 Firefox 浏览器一样,也有对应的开发者工具。在 Chrome 菜单栏中选择"更多工具"→"开发者工具"命令或按"F12"键就可以调用开发者工具。

以百度首页为例,可以在页面中选择百度搜索框,单击鼠标右键选择"检查",也可以调用"开发者工具",同时可以看到百度搜索框的 HTML 代码高亮显示,右击后选择"复制",就能复制出 CSS 或 XPath 定位方式的代码,如图 9.12 所示。

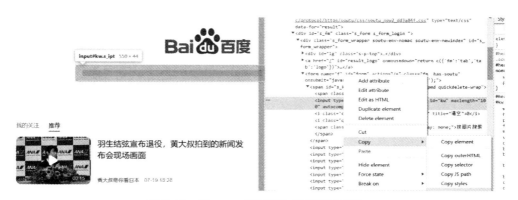

图 9.12 Chrome 浏览器开发者调试工具

9.4 Web 元素定位

想要使用 Selenium 操作元素,需要告知 Selenium 如何去定位元素来模拟用户动作。例如,要操作百度搜索页,需要按照以下步骤进行:找到搜索框和搜索按钮→通过键盘输入检索的关键字→用鼠标单击搜索按钮→提交搜索请求。

Selenium 提供了 8 种定位元素的方法,这些方法必须使用 find_element 方法来配合使用。find_element 方法用于定位元素,它需要输入两个参数:第一个参数是定位的类型,由 By 模块提供;第二个参数是具体定位参数。

By 模块使用前需要通过“from selenium.webdriver.common.by import By”导入 By 模块,如图 9.13 所示。

```
test_baidu.py
from selenium import webdriver
from selenium.webdriver.common.by import By
```

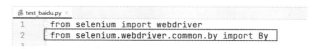

图 9.13 By 模块导入

以百度首页搜索框为例,搜索框的 HTML 代码如图 9.14 所示。

```
▼<span class="bg s_ipt_wr new-pmd quickdelete-wrap"> event
    <span class="soutu-btn"></span> event
    <input id="kw" class="s_ipt" name="wd" value="" maxlength="255" autocomplete="off"> event
    <i class="c-icon quickdelete c-color-gray2" title="清空"></i> event
```

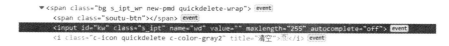

图 9.14 搜索框的 HTML 代码

对应 find_element ( )用法,以 ID 定位为例,如图 9.15 所示。

```
#                          参数1 ,参数2
driver.find_element(By.ID,"kw")
#                        定位类型,定位方式
```

图 9.15 元素定位

1)ID 定位

ID 定位是 Selenium 中较为常见的定位方式,由于 ID 具有唯一性的特点,因此用 ID 定位能快速找到页面的元素。

以百度搜索框为例,其 HTML 代码如下:

`<input id="kw" class="s_ipt" name="wd" value="" maxlength="255" autocomplete="off"> event`

从 HTML 代码中,你可以找到 id = "kw",其中 id 决定了定位类型,"kw" 决定了定位方式,通过 "find_element(By.ID, "kw")" 可以定位元素。

```
# 导入 By 模块
from selenium import webdriver
from selenium.webdriver.common.by import By
driver = webdriver.Firefox()
driver.get("https://www.baidu.com")
#ID 定位
driver.find_element(By.ID,"kw").send_keys("selenium")
# 关闭浏览器
driver.quit()
```

运行代码,浏览器做了如下操作:打开 Firefox 浏览器→打开百度首页→在搜索框中输入 selenium→关闭浏览器。

2)name 定位

通过 name 属性定位是另一种常用的定位元素方式,只要元素有 name 属性,就可以使用 name 定位。

以百度搜索框为例,其 HTML 代码如下:

`<input id="kw" class="s_ipt" name="wd" value="" maxlength="255" autocomplete="off"> event`

从 HTML 代码中,你可以找到 name = "wd",其中 name 决定了定位类型,"wd" 决定了定位方式,通过 "find_element(By.NAME, "wd")" 可以定位元素。

```
# 导入 By 模块
from selenium import webdriver
from selenium.webdriver.common.by import By
driver = webdriver.Firefox()
driver.get("https://www.baidu.com")
#name 定位
driver.find_element(By.NAME,"wd").send_keys("selenium")
# 关闭浏览器
driver.quit()
```

3)class 定位

因为前端代码的样式都是通过 class 来渲染的,所以定位元素时还可以通过选择 class 来定位。

以百度搜索框为例,其 HTML 代码如下:

```
<input id="kw" class="s_ipt" name="wd" value="" maxlength="255" autocomplete="off"> event
```

从 HTML 代码中，你可以找到 class = "s_ipt"，其中 class 决定了定位类型，"s_ipt" 决定了定位方式，通过 "find_element（By.CLASS_NAME, "s_ipt"）" 可以定位元素。

```
# 导入 By 模块
from selenium import webdriver
from selenium.webdriver.common.by import By
driver = webdriver.Firefox()
driver.get("https://www.baidu.com")
#class 定位
driver.find_element(By.CLASS_NANE, "s_ipt").send_keys("selenium")
# 关闭浏览器
driver.quit()
```

class 属性还支持复合样式的写法，也就是 class 属性的值可以由多个值组成，值与值之间通过空格隔开，当出现此种复合样式时，class 定位只能取一个值。

以百度首页搜索按钮 "百度一下" 为例，其 HTML 代码如下：

```
<input id="su" class="bg s_btn" type="submit" value="百度一下"> event
```

从 HTML 代码中，你可以找到 class = "bg s_btn"，class 属性的值出现了复合样式写法，"bg s_btn" 只能选取一个值来定位，这里选取 s_btn。熟悉前端代码的读者应该了解，bg 表示背景样式，可以观察到 HTML 代码中使用 bg 作为类的元素不止一个，因此在使用 class 定位时，不建议选择 bg。

```
# 导入 By 模块
from selenium import webdriver
from selenium.webdriver.common.by import By
driver = webdriver.Firefox()
driver.get("https://www.baidu.com")
# 通过 class 定位搜索框并输入 "selenium"
driver.find_element(By.CLASS_NAME,"s_ipt").send_keys("selenium")
# 通过 class 定位百度一下按钮并单击
driver.find_element(By.CLASS_NAME,"s_btn").click()
# 关闭浏览器
driver.quit()
```

运行以上代码，可以看到浏览器在搜索框中输入了 "selenium"，然后单击 "百度一下" 按钮。如果代码运行速度过快，导致这些操作一闪而过，难以观察时，你可以在代码中添加强制等待时间，以便于观察每一步的执行效果，如图 9.16 所示。

```
 1  from selenium import webdriver
 2  #导入By模块
 3  from selenium.webdriver.common.by import By
 4  import time
 5
 6  driver = webdriver.Firefox()
 7  driver.get("https://www.baidu.com")
 8
 9  #通过class定位搜索框并输入"selenium"
10  driver.find_element(By.CLASS_NAME,"s_ipt").send_keys("selenium")
11  #通过class定位"百度一下"按钮并单击
12  driver.find_element(By.CLASS_NAME,"s_btn").click()
13  time.sleep(5)
14  driver.quit()#关闭浏览器
```

图 9.16　添加等待时间

加入强制等待时间后,会在单击"百度一下"按钮后,等待 5 秒后,再关闭浏览器,此时就可以看到浏览器搜索了"selenium"的相关网页。

4) tag 定位

tag 定位是通过 HTML 页面中的"tag name"标签名来匹配定位的, tag 定位要谨慎使用,尽量避开使用 tag 定位。因为一个页面中有大量重复的"tag name"标签名,容易造成混乱,从而使得 Selenium 无法找到正确的元素。

5) link 定位

link 定位可以通过链接文本来定位元素。以百度首页中顶部的超链接为例,查看"新闻"超链接对应的 HTML 代码,在代码中能够看到 a 标签, a 标签中有 href 属性、target 属性等, a 标签中有"新闻"字样,如图 9.17 所示。

图 9.17　a 标签的 HTML 代码

此时,通过"find_element（By.LINK_TEXT," 新闻 "）"可以定位元素。

```
# 导入 By 模块
from selenium import webdriver
from selenium.webdriver.common.by import By
import time
```

```
driver = webdriver.Firefox()
driver.get("https://www.baidu.com")
driver.find_element(By.LINK_TEXT,"新闻").click()
time.sleep(3)
# 关闭浏览器
driver.quit()
```

6) partial_link_text 定位

partial_link_text 定位是通过文本超链接的一部分文本来定位元素的。

以百度首页的"hao123"超链接为例,使用"(By.PARTIAL_LINK_TEXT, "hao")"可以定位元素。

```
# 导入 By 模块
from selenium import webdriver
from selenium.webdriver.common.by import By
import time
driver = webdriver.Firefox()
driver.get("https://www.baidu.com")
driver.find_element(By.PARTIAL-LINK-TEXT,"hao").click()
time.sleep(3)
# 关闭浏览器
driver.quit()
```

partial_link_text 定位,文本只输入了 hao123 链接中的一部分 "hao",即可定位元素。

7) XPath 定位

XPath 即为 XML 路径语言,它是一种用来确定 XML 文档中某部分位置的语言。因为 HTML 可以看作 XML 的一种实现,所以 webdriver 提供了 XPath 这种方式来定位元素。当发现通过 ID、name 或者 class 无法定位元素时,可以尝试使用 XPath 方式来定位。XPath 语法见表 9.1。

表 9.1 XPath 语法

语法结构	说明
//a[1]	定位第一个 a 标签
//input[@id="kw"]	定位 id="kw" 的 input 标签
//div[@id="u1"]/a	定位 id="u1" 的 div 标签下面的子元素 a 标签
//input[@id="su" and @class="s_ipt"]	定位 id="su" 且 class="s_ipt" 都符合的 input 标签
/html/body/div[1]/input[1]	绝对路径,从根 html 开始逐级往下直到目标元素

(1) 通过绝对路径定位

XPath 表达式表示从 HTML 代码的最外层逐层查找,最后定位到节点。逐层查找可以类比生活中的某个地址查找,先从××省开始逐级往下查找××市××区××路××号,这样就可以精确找到某个地址。

以百度首页搜索框为例,借助 Chrome 浏览器的开发者工具,从最外层 <html>-<body>-…-<input> 标签逐级查找,最终拼接对应元素的绝对路径,如图 9.18 所示。

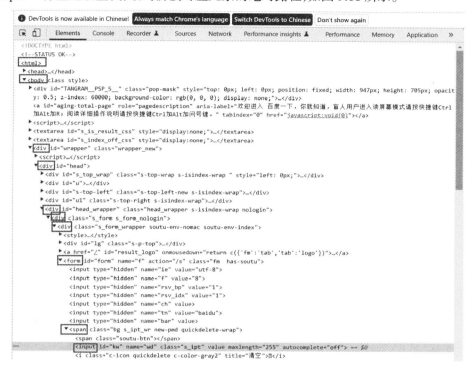

图 9.18　绝对路径

使用绝对路径,需要对 HTML 结构非常熟悉才能找出绝对路径,对于初学者来说有难度。我们可以借助 Chrome 浏览器的前端开发者工具,帮助我们快速找到绝对路径,选中搜索框代码,右击后,选择 "Copy" → "Copy full XPath" 命令,复制该元素的 XPath 绝对路径,然后粘贴到代码中使用即可,如图 9.19 所示。

图 9.19　复制 XPath 绝对路径

搜索框绝对路径：/html/body/div[1]/div[1]/div[5]/div/div/form/span[1]/input。

找到绝对路径后，通过（By.XPATH, "/html/body/div[1]/div[1]/div[5]/div/div/form/span[1]/input"）可以定位元素。

```
from selenium import webdriver
# 导入 By 模块
from selenium.webdriver.common.by import By
import time

driver = webdriver.Firefox()
driver.get("https://www.baidu.com")
# 通过 XPath 定位搜索框并输入 "XPath"
driver.find_element(By.XPATH,"/html/body/div[1]/div[1]/div[5]/div/div/form/span[1]/input").send_keys("XPath")
# 通过 XPath 定位 "百度一下" 按钮并单击
driver.find_element(By.XPATH,"/html/body/div[1]/div[1]/div[5]/div/div/form/span[2]/input").click()
time.sleep(5)
  # 关闭浏览器
  driver.quit()
```

运行后，观察浏览器百度首页，能在搜索框中输入 XPath 并单击 "百度一下" 按钮，说明 XPath 绝对路径定位成功。

（2）通过元素属性定位

XPath 定位元素除了可以使用绝对路径，也可以使用元素的某个属性值来定位。

XPath 可以通过元素的某个属性值来定位元素，也可以借助 Firefox 浏览器和 Chrome 浏览器开发者工具来提取 XPath 路径。

借助 Firefox 浏览器开发者可以通过使用工具获取搜索框 XPath 值。在 Firefox 开发者工具中，选中搜索框元素，然后右击该元素代码区域，选择"复制"→"XPath"命令，即可得到该元素的某个属性值的 XPath 值（//*[@id="kw"]），如图 9.20 所示。

图 9.20 复制 XPath 相对定位

同理,可以获取搜索按钮元素某个属性值的 XPath(//*[@id="su"])。其中,// 表示当前页面某个目录下,* 表示匹配所有标签,[@id="kw"]与[@id="su"]表示对应元素的属性和属性值。

```
from selenium import webdriver
# 导入 By 模块
from selenium.webdriver.common.by import By
import time
driver = webdriver.Firefox()
driver.get("https://www.baidu.com")
# 通过 XPath 元素属性定位搜索框并输入 "XPath"
driver.find_element(By.XPATH,'//*[@id="kw"]').send_keys("XPath 元素属性")
# 通过 XPath 元素属性定位 "百度一下" 按钮并单击
driver.find_element(By.XPATH,'//*[@id="su"]').click()
time.sleep(5)
driver.quit() # 关闭浏览器
```

从代码中可以看出,通过元素属性定位的 XPath 代码要短很多,推荐大家使用元素属性定位的 XPath 方法,在元素属性无法定位时,再使用绝对路径定位。需要注意的是,复制出来的 XPath 路径(//*[@id="su"])代码中使用的是双引号,可以根据习惯修改引号的使用。

(3)层级与属性结合定位

如果被定义的元素无法通过自身属性来唯一标识,那么可以考虑借助上级父元素来定位。类比婴儿刚出生,还没有姓名与身份证号,此时可以给婴儿经常打上标签某某之女,因为婴儿的母亲是确定的,找到母亲就能找到婴儿。XPath 的层级与属性结合定位原理也是如此。

以百度首页登录按钮为例,首先在 Firefox 浏览器开发者工具中,选中登录按钮代码,并向上一级查找其父元素,此时父元素是一个 div 标签,该标签的 id 属性是 u1,登录按钮是 a 标签,HTML 代码如图 9.21 所示。

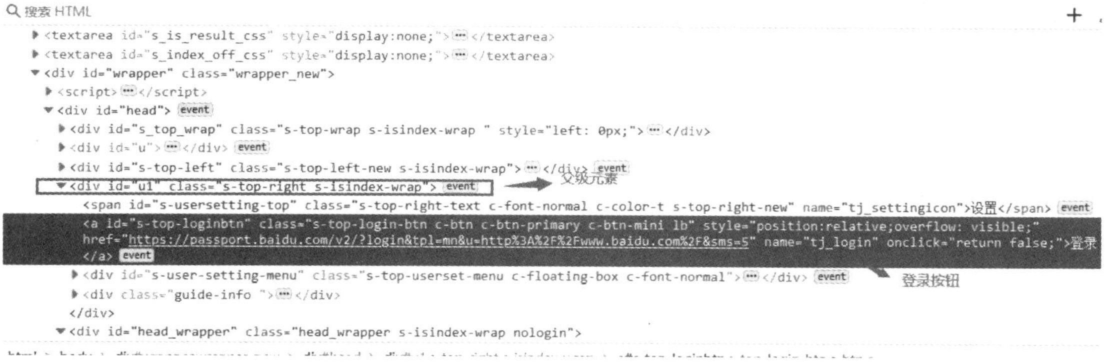

图 9.21　HTML 代码

通过元素之间的层级关系与属性结合的方法定位登录按钮,其代码如下:

```
driver.find_element(By.XPATH,'//div[@id="u1"]/a')
```

登录按钮元素的上一级是 div 标签,该 div 标签的 id 属性等于 u1,登录按钮是 a 标签,是其子元素,所以书写时"/"表示下一级。

```python
from selenium import webdriver
# 导入 By 模块
from selenium.webdriver.common.by import By
import time

driver = webdriver.Firefox()
driver.get("https://www.baidu.com")

# 通过 XPath 层级与属性结合的方法,定位登录按钮
driver.find_element(By.XPATH,'//div[@id="u1"]/a').click()
time.sleep(5)
  # 关闭浏览器
  driver.quit()
```

运行代码后,能够看到账号登录页面,这说明 XPath 层级与属性结合定位成功。我们能成功找到登录按钮并单击它,从而跳转至账号登录页面。

(4)多属性结合定位

假设某元素无法通过单一属性定位,如果该元素还有其他属性,考虑多个属性的组合来定位该元素。比如,一个班级中有两名学生都叫张伟,但是他们的学号不同,可以根据"姓名 + 学号"唯一标识出该同学。

以百度首页搜索框和搜索按钮为例来演示多个属性结合定位,查看搜索框和搜索按钮的 HTML 代码,如图 9.22 所示。

图 9.22　HTML 代码

通过多属性结合定位元素时,属性与属性之间需要通过"and"连接,这里用 id 和 calss 属性来实现多属性定位,其代码如下:

```python
from selenium import webdriver
# 导入 By 模块
from selenium.webdriver.common.by import By
import time

driver = webdriver.Firefox()
```

```
driver.get("https://www.baidu.com")
# 通过 XPath 多属性结合方法,定位搜索框
driver.find_element(By.XPATH,'//input[@id="kw" and @class="s_ipt"]').
send_keys("XPath 多属性")
# 通过 XPath 多属性结合方法,定位搜索按钮
driver.find_element(By.XPATH,'//input[@id="su" and @class="bg s_btn"]').click()
time.sleep(5)
    # 关闭浏览器
    driver.quit()
```

注意:当 class 属性有多个属性值时,需要写出全部的值,而不能像 class 定位只取一个值,以上代码中的 class="bg s_btn" 可以完整地写出属性值。

8) CSS 定位

CSS 指层叠样式表,是一种用来表现 HTML 或 XML 等文档样式的语言,能够灵活地为页面提供丰富的样式。CSS 使用选择器为页面元素绑定属性,这些选择器可以被 Selenium 用来进行定位元素。

CSS 可以较为灵活地选择控件的任意属性,其定位元素的速度比 XPath 快。CSS 定位通过"find_element(By.CSS_SELECTOR, " 选择器 ")"方法可以实现。CSS 见表 9.2。

表 9.2　CSS

选择器	例子	描述
.class	.intro	class 选择器,选择 class="intro" 的所有元素
#id	#firstname	id 选择器,选择 id="firstname" 的所有元素
*	*	选择所有元素
element	p	选择所有 <p> 元素
element>element	div > input	选择父元素为 <div> 的所有 <input> 元素
element+element	div + input	选择同一级中紧接在 <div> 元素之后的所有 <input> 元素
[attribute=value]	[target=_blank]	选择 target="blank" 的所有元素

(1)通过 ID 定位

通过元素 ID 属性,find_element(By.CSS_SELECTOR, "#id 属性值 ")方法实现定位。

```
from selenium import webdriver
# 导入 By 模块
from selenium.webdriver.common.by import By
import time

driver = webdriver.Firefox()
driver.get("https://www.baidu.com")
```

```
driver.find_element(By.CSS_SELECTOR,"#kw").send_keys("CSS 定位-ID 属性")
driver.find_element(By.CSS_SELECTOR,"#su").click()
time.sleep(5)
   # 关闭浏览器
   driver.quit()
```

（2）通过 class 定位

通过元素的 class 属性，find_element（By.CSS_SELECTOR, ".class 属性值"）方法实现定位。

```
from selenium import webdriver
# 导入 By 模块
from selenium.webdriver.common.by import By
import time

driver = webdriver.Firefox()
driver.get("https://www.baidu.com")
driver.find_element(By.CSS_SELECTOR,".s_ipt").send_keys("CSS 定位-class 属性")
driver.find_element(By.CSS_SELECTOR,".s_btn").click()
time.sleep(5)
   # 关闭浏览器
   driver.quit()
```

（3）通过 name 定位

通过元素的 name 属性，利用 find_element（By.CSS_SELECTOR, "[name=' 属性值 ']"）方法实现定位。

```
from selenium import webdriver
# 导入 By 模块
from selenium.webdriver.common.by import By
import time

driver = webdriver.Firefox()
driver.get("https://www.baidu.com")
driver.find_element(By.CSS_SELECTOR,"[name='wd']").send_keys("CSS 定位-name 属性")
driver.find_element(By.CSS_SELECTOR,".s_btn").click()
time.sleep(5)
   # 关闭浏览器
   driver.quit()
```

（4）CSS 层级定位

类似 XPath 的层级定位，CSS 也可以通过父元素实现元素的定位。通过父元素 > 子元素进行层级定位,以百度搜索框为例,HTML 代码如图 9.23 所示。

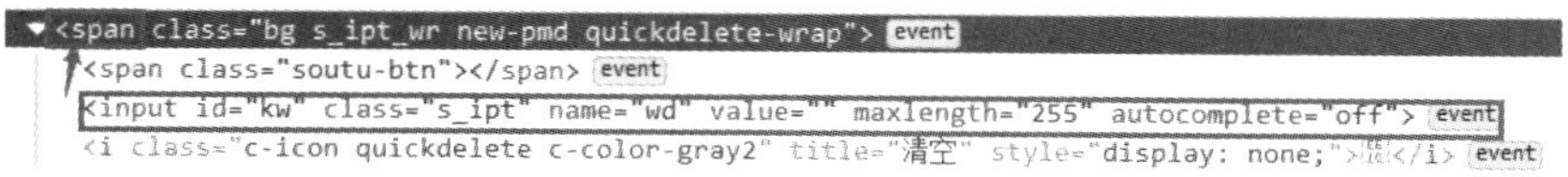

图 9.23　HTML 代码

搜索框 input 父元素是 span 标签,span 父元素的 class 属性为 s_ipt_w,搜索按钮 input 父元素是 span 标签,span 父元素的 class 属性为 s_btn_wr。

```
from selenium import webdriver
# 导入 By 模块
from selenium.webdriver.common.by import By
import time

driver = webdriver.Firefox()
driver.get("https://www.baidu.com")
driver.find_element(By.CSS_SELECTOR,"span.s_ipt_wr > input").send_keys("CSS 定位 - 层级定位")
driver.find_element(By.CSS_SELECTOR,"span.s_btn_wr > input").click()
time.sleep(5)
# 关闭浏览器
driver.quit()
```

由于 CSS 选择器语法对于初学者来说,掌握起来有一定的难度,因此可以通过 Firefox 浏览器自带的开发者工具快速生成 CSS 语法,生成 CSS 代码的操作与 XPath 相同,如图 9.24 所示。

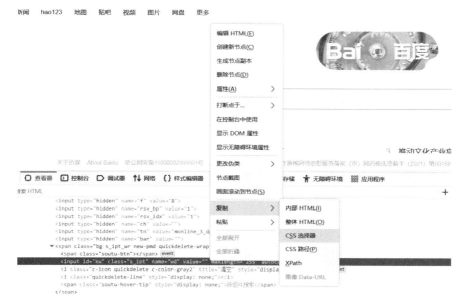

图 9.24　CSS 代码操作

9.5 WebDriver API 用法详解

前面介绍的元素定位部分也属于 WebDriver API。Web 测试过程中除了页面中各类元素的定位,还需要对这些元素或其他部分进行操作,才能满足自动化测试场景的需要,如浏览器、复选框和下拉列表框等操作。

9.5.1 操作浏览器的基本方法

WebDriver 也提供了一些操作浏览器的方法,如浏览器的最大化、大小控制和前进与后退等。

(1)浏览器的大小控制

在做自动化测试时,有时需要打开浏览器后,能够全屏显示,也就是浏览器最大化。WebDriver 提供了 maximize_window()方法来将浏览器最大化。代码如下:

```
from selenium import webdriver
from time import sleep

driver = webdriver.Firefox()
driver.get("https://www.baidu.com")
# 最大化浏览器
driver.maximize_window()
 # 等待3秒
 sleep(3)
 # 关闭浏览器
 driver.quit()
```

有时打开浏览器需要在指定的尺寸下运行,如窗口尺寸为 600×800,WebDriver 提供了 set_window_size()方法来控制浏览器的大小。代码如下:

```
from selenium import webdriver
from time import sleep

driver = webdriver.Firefox()
driver.get("https://www.baidu.com")

sleep(3)
# 控制浏览器窗口大小为 600*800
driver.set_window_size(600,800)
sleep(3)
# 控制浏览器窗口全屏
```

```
driver.maximize_window()
sleep(3)
driver.quit()
```

在代码中添加了等待时间,因为运行时速度很快,会看不到窗口的大小变化,所以需要添加等待时间运行时就可以看到效果了。运行代码,将浏览器先设置为 600×800,再最大化显示。

(2)浏览器的前进与后退

在使用 Web 浏览器浏览网页时,浏览器提供了前进与后退按钮,方便在浏览网页时快速切换,WebDriver 提供了对应的 back()和 forword()方法来模拟后退与前进按钮。代码如下:

```
from selenium import webdriver
from time import sleep

driver = webdriver.Firefox()
# 访问百度首页
first_url = "https://www.baidu.com"
print(f"当前访问的网址 {first_url}")
driver.get(first_url)

# 访问新闻页
second_url = "https://news.baidu.com"
print(f"当前访问的网址 {second_url}")
driver.get(second_url)
print(f"当前网页标题 {driver.title}")

# 退回到百度首页
driver.back()
print(f"当前网页标题 {driver.title}")

# 前进到新闻页
driver.forward()
print(f"当前网页标题 {driver.title}")

driver.quit()
```

为了能查看脚本的执行情况,通过 print()打印当前网页的网页标题。

(3)刷新浏览器页面

访问页面时,通常按"F5"键来刷新浏览器页面。WebDriver 提供了 refresh()方法来刷新浏览器页面。代码如下:

```
from selenium import webdriver
from time import sleep

driver = webdriver.Firefox()
driver.get("https://www.baidu.com")
sleep(2)
driver.refresh()
sleep(2)
driver.quit()
```

运行代码,可以看到页面被刷新了。

(4)获取网页 URL 地址和标题

WebDriver 提供的 current_url 与 title 可以获取当前页面的 URL 地址和标题,这样在实际测试过程中,可以帮助我们验证实际结果与期望结果是否一致。

```
from selenium import webdriver
from time import sleep
from selenium.webdriver.common.by import By

driver = webdriver.Firefox()
driver.get("https://www.baidu.com")
print("==========百度首页==========")
first_title = driver.title
first_url = driver.current_url
print(f"第一个网页标题:{first_title}")
print(f"第一个网页地址:{first_url}")

print("==========新闻页面==========")
driver.get("https://news.baidu.com")
sleep(2)
second_title = driver.title
second_url = driver.current_url
print(f"第二个网页标题:{second_title}")
print(f"第二个网页地址:{second_url}")

expect_title = "百度新闻——海量中文资讯平台"
if second_title == expect_title:
    print("test pass")
```

```
else:
  print("test failed")
driver.quit()
```

（5）关闭当前窗口与退出浏览器

WebDriver 提供 close（）和 quit（）方法来关闭窗口和浏览器。

driver.close（）:关闭当前窗口。

driver.quit（）:退出浏览器,即关闭所有窗口。

```
from selenium import webdriver
from time import sleep
from selenium.webdriver.common.by import By

driver = webdriver.Firefox()
driver.get("https://www.baidu.com")
driver.find_element(By.LINK_TEXT,"新闻").click()
driver.find_element(By.LINK_TEXT,"hao123").click()
sleep(3)
# 关闭当前窗口
driver.close()
sleep(3)
# 退出浏览器即关闭所有窗口
driver.quit()
```

9.5.2 元素的操作方法

在前面的任务学习中,已经接触了元素的操作方法,click（）和 send_keys（）方法最为常见。

（1）click（）:单击元素

```
driver.find_element(By.CLASS_NAME,"s_btn").click()
```

（2）send_keys（）:模拟在元素上输入内容

```
driver.find_element(By.CLASS_NAME,"s_ipt").send_keys("selenium")
```

（3）清除元素内容

WebDriver 提供 clear（）方法用于清除元素中已有的内容。

```
from selenium import webdriver
from time import sleep
from selenium.webdriver.common.by import By
```

```python
driver = webdriver.Firefox()
driver.get("https://www.baidu.com")

driver.find_element(By.ID,"kw").send_keys("selenium")
sleep(3)
# 清除输入框内容
driver.find_element(By.ID,"kw").clear()
sleep(3)
driver.find_element(By.ID,"kw").send_keys("python")
sleep(3)
driver.quit()
```

（4）提交表单

WebDriver 提供 submit（ ）方法用于提交 form 表单内容或模拟回车操作。

```python
from selenium import webdriver
from time import sleep
from selenium.webdriver.common.by import By

driver = webdriver.Firefox()
driver.get("https://www.baidu.com")

search_text = driver.find_element(By.ID,"kw")
search_text.send_keys("selenium")
search_text.submit()
sleep(3)
driver.quit()
```

有时 submit（ ）可与 click（ ）互换使用，但 submit（ ）的应用范围远不及 click（ ）广泛。click（ ）可以单击任何元素，例如按钮、单选框、复选框、下拉框、文字超链接、图片超链接等。

（5）获取元素尺寸

WebDriver 提供 size 方法用于获取元素的尺寸。

```python
from selenium import webdriver
from time import sleep
from selenium.webdriver.common.by import By

driver = webdriver.Firefox()
driver.get("https://www.baidu.com")
```

```
# 定位百度 logo 图片
logo = driver.find_element(By.ID,"s_lg_img")
# 获取 logo 图片尺寸
size = logo.size
# 打印尺寸
print(size)
driver.quit()
```

（6）获取元素的文本与属性

WebDriver 提供 text 方法用于获取元素文本。

```
from selenium import webdriver
from time import sleep
from selenium.webdriver.common.by import By

driver = webdriver.Firefox()
driver.get("https://www.baidu.com")
# 获取搜索框的 name 属性并打印
name_value = driver.find_element(By.ID,"kw").get_attribute("name")
print(name_value)
sleep(3)
# 获取"更多"的文本信息
text_value = driver.find_element(By.NAME,'tj_briicon').text
print(text_value)
driver.quit()
```

9.5.3 鼠标操作

在自动化测试中,需要把鼠标移到某个元素上去进行操作,这时就需要借助 ActionChains 类来处理。在模拟使用鼠标操作时,需要先导入 ActionChains 类。代码如下:

```
from selenium.webdriver.common.action_chains import ActionChains
```

ActionChains 用于生成用户的行为,可以模拟鼠标操作,如单击、双击、单击鼠标右键、拖曳等。所有的行为都存储在 ActionChains 对象中,再通过 perform()方法执行所有 ActionChains 对象中存储的行为,见表 9.3。

表 9.3 ActionChains 类

方法	说明
click()	单击鼠标左键

续表

方法	说明
context_click（on_element）	单击鼠标右键
double_click（on_element）	双击鼠标左键
drag_and_drop（source,target）	拖曳到某个元素上然后松开
perform（）	执行
release（on_element）	在某个元素位置松开鼠标左键

（1）右击操作

context_click（）方法是先定位一个元素,然后对定位的元素执行右击。

```
from selenium import webdriver
from time import sleep
from selenium.webdriver.common.by import By

driver = webdriver.Firefox()
from selenium.webdriver.common.action_chains import ActionChains
driver.get("https://www.runoob.com/try/try.php?filename=tryjsref_oncontextmenu")
# 最大化浏览器
driver.maximize_window()
sleep(3)
driver.switch_to.frame(0)
# 定位需要使用鼠标右键点击操作的元素
right = driver.find_element(By.XPATH,'/html/body/div')
# 对定位的元素执行鼠标右键操作
ActionChains(driver).context_click(right).perform()
sleep(3)
driver.quit()
```

（2）双击操作

double_click（）方法是先定位一个元素,再对定位的元素执行双击。

```
from selenium import webdriver
from time import sleep
from selenium.webdriver.common.by import By

driver = webdriver.Firefox()
```

```python
from selenium.webdriver.common.action_chains import ActionChains
driver.get("https://www.runoob.com/try/try.php?filename=tryjsref_ondblclick")
driver.maximize_window()
sleep(3)
driver.switch_to.frame(0)
# 定位需要双击操作的元素
double = driver.find_element(By.XPATH,'/html/body/p[1]')
# 执行鼠标双击操作
ActionChains(driver).double_click(double).perform()
sleep(3)
# 获取双击后的结果文本信息
result = driver.find_element(By.ID,'demo').text
# 验证双击成功
if result == 'Hello World':
    print("鼠标双击成功")
driver.quit()
```

（3）鼠标悬停操作

move_to_element（ ）方法，可以将鼠标悬停在某个元素上，从而查看该元素的一些提示信息。

```python
from selenium import webdriver
from time import sleep
from selenium.webdriver.common.by import By

driver = webdriver.Firefox()
from selenium.webdriver.common.action_chains import ActionChains
driver.get("https://www.baidu.com")
sleep(3)
# 定位需要悬停的元素
above = driver.find_element(By.XPATH,'//*[@id="form"]/span[1]/span[1]')
# 执行鼠标悬停操作
ActionChains(driver).move_to_element(above).perform()
sleep(3)
driver.quit()
```

（4）鼠标拖曳操作

drag_and_drop（ ）方法，可以实现鼠标拖动元素，从某个元素通过鼠标拖曳移动到指定的元素后再松开。

```python
from selenium import webdriver
from time import sleep
from selenium.webdriver.common.by import By

driver = webdriver.Firefox()
from selenium.webdriver.common.action_chains import ActionChains
driver.get("https://www.runoob.com/try/try.php?filename=jqueryui-api-droppable")
driver.maximize_window()
sleep(3)
driver.switch_to.frame(0)
# 定位源元素位置
source = driver.find_element(By.ID,"draggable")
# 定位目标元素位置
target = driver.find_element(By.ID,"droppable")
# 从源元素位置移动到目标元素位置
ActionChains(driver).drag_and_drop(source,target).perform()
sleep(3)
driver.quit()
```

9.5.4 键盘操作

在进行浏览器的操作时,除了鼠标操作,还会用到键盘操作,如按回车键、回退键,通过键盘进行复制、粘贴等操作。WebDriver 提供了比较完整的键盘操作,在使用键盘操作前,也需要导入 Keys 类,代码如下:

```
from selenium.webdriver.common.keys import Keys
```

Keys 类提供了所有按键方法,见表 9.4。

表 9.4 Keys 类

引用方法	对应键盘
send_keys(Keys.BACK_SPACE)	删除键(BackSpace)
send_keys(Keys.SPACE)	空格键(Space)
send_keys(Keys.TAB)	制表键(Tab)
send_keys(Keys.ESCAPE)	回退键(Esc)
send_keys(Keys.ALTERNATE)	换挡键(Alt)
send_keys(Keys.ENTER)	回车键(Enter)
send_keys(Keys.SHIFT)	大小写转换键(Shift)

续表

引用方法	对应键盘
send_keys（Keys.CONTROL, 'a'）	全选（Ctrl+A）
send_keys（Keys.CONTROL, 'c'）	复制（Ctrl+C）
send_keys（Keys.CONTROL, 'x'）	剪切（Ctrl+X）
send_keys（Keys.CONTROL, 'v'）	粘贴（Ctrl+V）
send_keys（Keys.F1）	F1键
send_keys（Keys.F12）	F12键
send_keys（Keys.PAGE_UP）	向上翻页键（PageUp）
send_keys（Keys.PAGE_DOWN）	向下翻页键（PageDown）
send_keys（Keys.LEFT）	向左方向键（Left）
send_keys（Keys.PAGE_UP）	向右方向键（Right）

常用键盘操作，代码如下：

```
from selenium import webdriver
from time import sleep
from selenium.webdriver.common.by import By
from selenium.webdriver.common.keys import Keys

driver = webdriver.Firefox()
driver.get("https://www.baidu.com")
sleep(2)
# 在搜索框中输入"selenium"
driver.find_element(By.ID,"kw").send_keys("seleniumm")
sleep(2)
# 输入删除键
driver.find_element(By.ID,"kw").send_keys(Keys.BACK_SPACE)
sleep(2)
# 在搜索框中输入空格键+"教程"
driver.find_element(By.ID,"kw").send_keys(Keys.SPACE)
driver.find_element(By.ID,"kw").send_keys("教程")
sleep(2)
# 输入Ctrl+A
driver.find_element(By.ID,"kw").send_keys(Keys.CONTROL,'a')
sleep(2)
```

```python
# 输入Ctrl+X
driver.find_element(By.ID,"kw").send_keys(Keys.CONTROL,'x')
sleep(2)
# 输入Ctrl+V
driver.find_element(By.ID,"kw").send_keys(Keys.CONTROL,'v')
sleep(2)
# 输入回车键
driver.find_element(By.ID,"kw").send_keys(Keys.ENTER)
sleep(2)
driver.quit()
```

9.5.5 定位一组元素

定位一组元素 find_elements()方法与定位单个元素 find_element()方法非常相似,唯一的区别是单词 element 后面多了一个 s,用来表示复数。

```python
from selenium import webdriver
from time import sleep
from selenium.webdriver.common.by import By

driver = webdriver.Firefox()
driver.get("https://www.baidu.com")

driver.find_element(By.ID,"kw").send_keys("selenium")
driver.find_element(By.ID,"su").click()
sleep(5)
# 定位一组元素
result_texts = driver.find_elements(By.XPATH,'//h3/a')
# 计算搜索结果条数
print(len(result_texts))
# 循环遍历出每一条搜索结果的标题
for title in result_texts:
    # 打印每个标题
    print(title.text)

driver.quit()
```

9.5.6 等待时间

在前面的案例中,有时运行代码后会报错,显示某元素定位失败,原因是元素还没有加载完成就对其进行操作,这样肯定会报找不到元素的错误,为了应对这种情况,我们需要加入等待时间。

在自动化测试过程中,元素等待是必须掌握的方法,因为自动化测试过程中必然会遇到环境不稳定、网络加载缓慢等情况。当定位没问题,但程序运行时报出元素不存在的错误时,就需要思考是不是因为程序运行太快或者页面加载太慢而造成元素不存在,此时就必须设置等待时间。常见的发生异常的原因有以下几点:

①代码中对元素的定位错误;

②页面加载时间过慢,需要查找的元素代码已经执行完成,但是页面还未加载成功;

③查到的元素没有在当前的 iframe 或者 frame 中。

在 Selenium 中,提供了 3 种常见的等待时间的方法,它们各有优缺点,当熟练掌握这些方法后,需要根据不同的情况选择最优的等待方法。

(1)强制等待

强制等待也叫固定休眠时间,是设置等待的最简单的方法,如 sleep(5),其中 5 的单位是秒,在前面的案例代码中经常出现。

sleep()不管什么情况,代码运行到它所在的位置时,都会让脚本暂停运行一定时间,时间到后再继续运行。

sleep()方法的缺点是不够智能,如果设置时间太短,而元素还没有加载出来,代码还是会报错;如果设置时间太长,则运行过程比较浪费时间。虽然只是几秒的时间,一旦用例多了,代码量大了后,多几秒就会影响脚本的整体运行速度,所以在自动化测试过程中,应尽量少用强制等待时间 sleep(),调试代码时可以使用,在生成环境中尽量避免使用。

```
from selenium import webdriver
from time import sleep
from selenium.webdriver.common.by import By

driver = webdriver.Firefox()
driver.get("https://www.baidu.com")
driver.find_element(By.ID,"kw").send_keys("Selenium")
driver.find_element(By.ID,"su").click()
# 强制等待 5 s
sleep(5)
driver.quit()
```

运行代码,观察结果,单击"百度一下"按钮后,强制等待 5 s,才能执行关闭浏览器操作。

(2)隐式等待

隐式等待也叫智能等待,使用函数 implicitly_wait()实现,当设置了等待时间后,在时间段内如果页面完成加载则进行下一步;如果未完成加载,则会报错。

设置隐式等待后,例如 implicitly_wait(10),10 的单位是秒,这里 10 s 并非一个固定的等待时间,它并不影响脚本的执行速度,而是会等待页面上的所有元素加载完成。当脚本执行到某个元素定位时,如果元素存在,则继续执行;如果定位不到元素,则它将以轮询的方式不断地判断元素是否存在。假设在第 10 秒定位到元素,则继续执行,若超出设置时间 10 s 还没有找到定位元素,则抛出异常。

搜索框 id 设置为 kw 并进行等待,代码如下:

```python
from selenium import webdriver
from time import ctime
from selenium.common.exceptions import NoSuchElementException
from selenium.webdriver.common.by import By

driver = webdriver.Firefox()
# 设置隐式等待时间为 10 s
driver.implicitly_wait(10)
driver.get("https://www.baidu.com")
# 使用异常处理写法,定位搜索框
try:
    # 按秒计算时间
    print(ctime())
    # 定位搜索框
    driver.find_element(By.ID,"kw").send_keys("selenium")
except NoSuchElementException as error:
    print(error)
finally:
    # 按秒计算时间,就可以得出间隔秒数
    print(ctime())
    driver.quit()
```

运行代码,结果如图 9.25 所示,当元素存在时,继续执行,所以两个时间一致。

图 9.25 运行结果

搜索框 id 设置为 kw11 并进行等待,代码如下:

```python
from selenium import webdriver
from time import ctime
from selenium.common.exceptions import NoSuchElementException
from selenium.webdriver.common.by import By
```

```python
driver = webdriver.Firefox()
# 设置隐式等待时间为 10 s
driver.implicitly_wait(10)
driver.get("https://www.baidu.com")
# 使用异常处理写法,定位搜索框
try:
    # 按秒计算时间
    print(ctime())
    # 定位搜索框
    driver.find_element(By.ID,"kw11").send_keys("selenium")
except NoSuchElementException as error:
    print(error)
finally:
    # 按秒计算时间,就可以得出间隔秒数
    print(ctime())
    driver.quit()
```

运行代码,结果如图 9.26 所示,当定位不到元素时,两次输出的时间间隔刚好 10 s,也就是最长等待时间为 10 s,10 s 后抛出异常错误信息。

```
D:\Python38\python.exe D:/等待时间/隐式等待.py
Mon Jul 25 17:02:09 2022
Message: Unable to locate element: [id="kw11"]
Mon Jul 25 17:02:19 2022
```

图 9.26　运行结果

注意:因为隐式等待对整个周期都会起作用,所以只需要在最开始设置一次即可。

(3)显式等待

显式等待(WebDriverWait)是判断某个条件是否成立,如果条件成立,则继续执行;否则就等待,直到超出设置的最长时间,然后再抛出 TimeoutException。

WebDriverWait 也是我们推荐的方法。在使用 WebDriverWait 方法前,需要导入该方法。使用 WebDriverWait 方法时,常常会结合 excepted_conditions 模块一起使用。

```python
from selenium import webdriver
from selenium.webdriver.common.by import By
# 导入 WebDriverWait 类
from selenium.webdriver.support.ui import WebDriverWait
# 导入 expected_conditions 类
from selenium.webdriver.support import expected_conditions as EC


driver = webdriver.Firefox()
```

```
driver.get("https://www.baidu.com")
#使用显示等待,等待搜索框
element = WebDriverWait(driver,5,0.5).until(
  EC.visibility_of_element_located((By.ID,"kw"))
)
element.send_keys("selenium")
driver.quit()
```

WebDriverWait 类是 WebDriver 提供的等待方法,具体格式如下:

```
WebDriverWait(driver,timeout,poll_frequency=0.5,ignored_exceptions=None)
```

WebDriverWait 参数说明:
①driver:浏览器驱动。
②timeout:最长超时时间,默认以秒为单位。
③poll_frequency:检测的间隔时间,默认为 0.5 s。
④ignored_exceptions:超时后的异常信息,默认情况下抛出。

WebDriverWait( )一般与 until( )或 until_not( )方法配合使用,下面是 until( )和 until_not( )方法的说明。

```
WebDriverWait(driver,5,0.5).until(method,message='')
```

调用该方法提供的驱动程序作为参数,直到返回值为 True。
①method:某个元素出现或者某个条件成立则继续执行。
②message:若超时,抛出 TimeoutException,将 message 传入异常。

```
WebDriverWait(driver,5,0.5).until_not(method,message='')
```

调用该方法提供的驱动程序作为参数,直到返回值为 False。
until_not 与 until 相反,是当某个元素消失或某个条件不成立时继续执行,两者参数相同。

expected_conditions 是 Selenium 的一个模块,其中包含一系列可用于判断的条件。expected_conditions 模块包含十几个 condition,与 until、until_not 组合能够实现很多判断,表 9.5 为 expected_conditions 提供的条件判断方法。

表 9.5 expected_conditions 条件判断方法

方法	说明
title_is	判断当前页面的标题是否等于预期
title_contains	判断当前页面的标题是否包含预期字符串
presence_of_element_located	判断元素是否被加载到 DOM 树里,并不代表该元素一定可见
visibility_of_element_located	判断元素是否可见,可见代表元素非隐藏,并且元素的宽和高都不等于 0

续表

方法	说明
visibility_of	与上一个方法作用相同,上一个方法的参数为定位,该方法接收的参数为定位后的元素
presence_of_all_elements_located	判断是否至少有一个元素存在于 DOM 树中。例如,在页面中有 n 个元素的 class 为 wd,那么只要有一个元素存在于 DOM 树中就返回 True
text_to_be_present_in_element	判断某个元素中的 text 属性是否包含预期的字符串
text_to_be_present_in_element_value	判断某个元素中的 value 属性是否包含预期的字符串
frame_to_be_available_and_switch_to_it	判断该表单是否可以切换进去,如果可以,返回 True,否则返回 False
invisibility_of_element_located	判断某个元素是否不在 DOM 树中或不可见
element_to_be_clickable	判断某个元素是否可见并且是可以点击的
staleness_of	等到一个元素从 DOM 树中移除
element_to_be_selected	判断某个元素是否被选中,一般用在下拉列表中
element_selection_state_to_be	判断某个元素的选中状态是否符合预期
element_located_selection_state_to_be	与上一个方法作用相同,只是上一个方法参数为定位后的元素,该方法接收的参数为定位
alert_is_present	判断页面上是否存在 alert

隐式等待和显式等待是可以结合在一起使用的,代码如下:

```
from selenium import webdriver
from selenium.webdriver.common.by import By
# 导入 WebDriverWait 类
from selenium.webdriver.support.ui import WebDriverWait
# 导入 expected_conditions 类
from selenium.webdriver.support import expected_conditions as EC
from time import sleep

driver = webdriver.Firefox()
# 隐式等待 20 s
driver.implicitly_wait(20)
driver.get("https://www.baidu.com")
locator = (By.NAME,"wd")
```

```
try:
    # 显示等待
    element = WebDriverWait(driver,10,0.5).until(
      EC.visibility_of_element_located(locator)
    )
    element.send_keys("显示等待结合隐式等待")
finally:
    sleep(2)# 为了便于观察,使用了强制等待,正式环境可以删除
    driver.quit()
```

在上述代码中,我们设置了隐式等待和显示等待,注意最长等待时间取决于两者之间的大者,也就是在此例中,隐式等待时间大于显式等待时间,则代码的最长等待时间等于隐式等待设置的时间 20 s。

除了 expected_conditions 类提供的丰富预期条件判断方法,还可以利用 is_displayed() 方法自己实现元素显示等待。代码如下:

```
from time import sleep,ctime
from selenium import webdriver
from selenium.webdriver.common.by import By

driver = webdriver.Firefox()
driver.get("https://www.baidu.com")

print(ctime())
for i in range(10):
    try:
        element = driver.find_element(By.ID,"kw22")
        if element.is_displayed():
            break
    except:
        pass
    sleep(1)
else:
    print("time out")
print(ctime())

driver.quit()
```

分析代码,首先 for 循环 10 次,每次循环使用 is_displayed() 方法循环判断元素是否可见。

如果为 True,说明元素可见,执行 break 跳出循环;否则,执行 sleep(1)休眠 1 s 后继续循环判断。循环 10 次后,如果没有执行 break,则执行 for 循环对应的 else 语句,打印"time out"信息,最大超时时长即为循环 10 次每次休眠 1 s,加起来刚好 10 s。

9.5.7 多表单切换

在使用 Selenium 定位页面元素时,有时会遇到定位不到的问题,在页面上可以看到元素,用浏览器的开发者工具也能够看到,而代码运行就是定位不到。当遇到这种情况时,很有可能是有 frame 表单存在。

frame 标签有 frameset、frame 和 iframe 3 种。frameset 跟其他普通标签没有区别,不会影响正常的定位。WebDriver 定位元素时只能在一个页面上定位,对于 iframe 这种情况,WebDriver 无法直接定位到元素。Selenium 中有对应的方法对 frame 进行操作。

WebDriver 提供了 switch_to.frame()方法来切换表单,代码如下:

```
switch_to.frame(reference)
```

(1)切换 iframe

用 QQ 邮箱登录页,通过开发者工具进行查看,可以发现,QQ 登录框是一个 iframe 框架,如果需要输入邮箱号和密码时,则必须切换到 iframe 框架中才能操作,如图 9.27 所示。

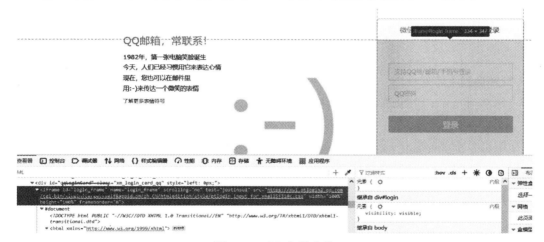

图 9.27　QQ 邮箱表单

使用 switch_to.frame()方法,实现 QQ 邮箱切换表单,代码如下:

```
from selenium import webdriver
from selenium.webdriver.common.by import By
from time import sleep

driver = webdriver.Firefox()
driver.implicitly_wait(10)
```

```
driver.get("https://mail.qq.com/")

#定位iframe表单
login_frame = driver.find_element(By.ID,"login_frame")
#切换进表单iframe
driver.switch_to.frame(login_frame)
#输入用户名和密码
driver.find_element(By.ID,"u").send_keys("username")
driver.find_element(By.ID,"p").send_keys("password")
sleep(3)#观察用户名和密码框


driver.quit()
```

运行代码,结果如图9.28所示,能输入用户名和密码,说明切换表单成功。

图 9.28 切换表单成功

(2)切换到主体窗口

当切换到iframe后,就不能操作主窗体中的元素了,如果需要操作主窗体中的元素,则需要使用switch_to.default_content()方法来切换回主窗体。

使用switch_to.default_content()实现QQ邮箱切换到主窗体,代码如下:

```
from selenium import webdriver
from selenium.webdriver.common.by import By
from time import sleep

driver = webdriver.Firefox()
driver.implicitly_wait(10)
driver.get("https://mail.qq.com/")

#定位iframe表单
login_frame = driver.find_element(By.ID,"login_frame")
#切换进表单iframe
driver.switch_to.frame(login_frame)
```

```python
# 输入用户名和密码
driver.find_element(By.ID,"u").send_keys("username")
driver.find_element(By.ID,"p").send_keys("password")
sleep(3)# 观察用户名和密码框
# 切换到主窗体
driver.switch_to.default_content()
# 点击"微信登录"
driver.find_element(By.ID,"wxLoginTab").click()
sleep(3)# 观察切换主窗体成功
driver.quit()
```

9.5.8 多窗口切换

在页面操作过程中,有时单击某个超链接会弹出新的窗口,如果需要到新的窗口操作,就需要切换到新打开的窗口。WebDriver 提供的 switch_to.window()方法可以实现在不同的窗口之间切换。

①current_window_handle: 获取当前窗口句柄。

②window_handles: 返回所有窗口的句柄到当前会话。

③switch_to.window(): 切换到相应的窗口。

使用切换窗口的方法,实现百度首页和账号注册页两个窗口之间的切换,代码如下:

```python
from selenium import webdriver
from selenium.webdriver.common.by import By
from time import sleep

driver = webdriver.Firefox()
driver.implicitly_wait(10)
driver.get("https://www.baidu.com")

# 获得百度搜索窗口句柄
search_window = driver.current_window_handle

driver.find_element(By.ID,"s-top-loginbtn").click()
driver.find_element(By.LINK_TEXT,"立即注册").click()

# 获得当前所有打开的窗口句柄
all_handles = driver.window_handles
```

```
# 进入注册窗口
for handle in all_handles:
    if handle != search_window:
        # 判断句柄不是搜索窗口后,切换
        driver.switch_to.window(handle)
        # 切换后获取网页标题
        print(driver.title)
        driver.find_element(By.NAME,"userName").send_keys("username")
        driver.find_element(By.NAME,"phone").send_keys("138XXXXXXXX")
        sleep(3)
        # 关闭当前窗口
        driver.close()

# 回到搜索窗口
driver.switch_to.window(search_window)
print(driver.title)

driver.quit()
```

运行代码,首页打开百度首页,通过 current_window_handle 获得当前窗口句柄,并赋值为变量 search_window,接着单击"登录"按钮,弹出登录窗口,再单击"立即注册"超链接,从而打开新的注册窗口。通过 window_handles 获得当前所有窗口句柄,并赋值给变量 all_handles。

循环遍历 all_handles,如果 handle 不等于 search_handle,那么一定是注册窗口,然后通过 switch_to.window()切换到注册账号页面。

9.5.9 警告框与弹出框的处理

在 WebDriver 中处理 JavaScript 生成的 alert、confirm 和 prompt 十分简单,首先使用 switch_to.alert()方法定位,然后使用 text、accept、dismiss、send_keys 等进行操作。

①text:返回 alert、confirm、prompt 中的文字信息。
②accept():接受现有警告框。
③dismiss():解散现有警告框。
④send_keys():在警告框中输入文本。

使用 switch_to.alert()方法为百度搜索设置弹窗,代码如下:

```
from selenium import webdriver
from selenium.webdriver.common.by import By
from time import sleep
```

```python
driver = webdriver.Firefox()
driver.implicitly_wait(10)
driver.get("https://www.baidu.com")

# 单击"设置"
driver.find_element(By.ID,"s-usersetting-top").click()
# 单击"搜索设置"
driver.find_element(By.LINK_TEXT,"搜索设置").click()
sleep(2)
# 单击"保存设置"按钮
driver.find_element(By.CLASS_NAME,"prefpanelgo").click()
# 获取警告框
alert = driver.switch_to.alert

# 获取警告框提示信息
alert_text = alert.text
print(alert_text)

# 接受警告框
alert.accept()

driver.quit()
```

9.5.10 单选按钮、复选框和下拉列表框的处理

1）单选按钮 Radio

通过单选按钮练习页面,完成定位单选按钮并选中,验证单选按钮,代码如下:

```python
from selenium import webdriver
from time import sleep
from selenium.webdriver.common.by import By

driver = webdriver.Firefox()
driver.implicitly_wait(10)
driver.get("https://demo.seleniumeasy.com/basic-radiobutton-demo.html")
# 选中"Male"单选按钮
driver.find_element(By.CLASS_NAME,"radio-inline").click()
```

```python
# 单击按钮验证
driver.find_element(By.ID,"buttoncheck").click()
text = driver.find_element(By.CLASS_NAME,"radiobutton").text
if text == "Radio button 'Male' is checked":
    print("选择单选按钮成功")
else:
    print("选择单选按钮失败")
driver.quit()
```

2）复选框 CheckBox

Is_selected（ ）方法在复选框操作中经常用到，用来检查复选框是否被选中，选中返回 True，未选中返回 False。

通过复选框练习页面，完成对复选框的操作，代码如下：

```python
from selenium import webdriver
from time import sleep
from selenium.webdriver.common.by import By

driver = webdriver.Firefox()
driver.implicitly_wait(10)
driver.get("https://demo.seleniumeasy.com/basic-checkbox-demo.html")
# 定位所有复选框
checkboxs = driver.find_elements(By.CLASS_NAME,"cb1-element")
# 判断所有复选框状态
for checkbox in checkboxs:
    selected = checkbox.is_selected()
    print(selected)
# 选中第一个复选框
checkboxs[0].click()
# 选中所有复选框,注意第一个复选框已经选中了
for i in range(1,4):
    checkboxs[i].click()
# 判断所有复选框状态
for checkbox in checkboxs:
    selected = checkbox.is_selected()
    print(selected)
# 将最后一个复选框去掉
checkboxs[len(checkboxs)-1].click()
```

```
sleep(2)
driver.quit()
```

3）下拉列表框 Select

WebDriver 提供了 Select 模块来定位下拉列表框。在使用 Select 模块时,需要先导入该模块,代码如下：

```
from selenium.webdriver.support.select import Select
```

Select 提供了 3 种选择方法来定位下拉列表框：

①select_by_index（index）：通过选项的顺序定位,第一个选项索引为 0,第二个选项索引为 1。

②select_by_value（vaule）：通过 value 属性定位。

③select_by_visible_text（text）：通过选项可见文本定位。

使用 3 种方法来定位下拉列表框,代码如下：

```
from selenium import webdriver
from time import sleep
from selenium.webdriver.common.by import By
from selenium.webdriver.support.select import Select

driver = webdriver.Firefox()
driver.implicitly_wait(10)
driver.get("https://demo.seleniumeasy.com/basic-select-dropdown-demo.html")
# 定位下拉列表框
select_element = driver.find_element(By.ID,"select-demo")

# 使用 select_by_index(index)索引方式来选择星期一
Select(select_element).select_by_index(2)
sleep(2)
# 使用 select_by_value(vaule)方式来选择星期五
Select(select_element).select_by_value("Friday")
sleep(2)
# 使用 select_by_visible_text(text)方式来选择星期三
Select(select_element).select_by_visible_text("Wednesday")
sleep(2)
driver.quit()
```

Select 提供了 4 种方法取消选择：

①deselect_by_index（index）：取消对应的 index 选项。

②deselect_by_value（vaule）：取消对应的 value 选项。
③deselect_by_visible_text（text）：取消对应的文本选项。
④deselect_all（ ）：取消所有选项。

Select 提供了 3 个属性方法：

①options：提供所有选项的列表。
②all_selected_options：提供所有被选中的选项列表。
③first_selected_option：提供第一个被选中的选项，也是下拉列表框的默认值。

9.5.11 案例：购物网站 web 自动化测试

1）案例练习要求

（1）被测网址

https://www.saucedemo.com/。

（2）测试用例步骤

①打开被测网址。
②定位用户名框并输入用户名。
③定位密码框并输入密码。
④单击"登录"按钮。
⑤验证进入商品列表页。
⑥添加商品到购物车。
⑦切换到购物车，验证商品是否添加成功并单击结算。
⑧输入 checkout 信息，单击继续。
⑨提交订单。
⑩验证购物流程完成。

2）案例实现步骤

①打开 PyCharm，新建项目"购物网站测试"，在项目中新建"购物网站流程测试 .py"文件，如图 9.29 所示。

图 9.29　新建项目及 py 文件

②将测试用例写成脚本，代码如下：

```
from selenium import webdriver
from time import sleep
```

```python
from selenium.webdriver.common.by import By

driver = webdriver.Firefox()
driver.implicitly_wait(10)
#1.打开被测网址
driver.get("https://www.saucedemo.com/")
#2.定位用户名框并输入用户名
# driver.find_element(By.ID,"")
driver.find_element(By.ID,"user-name").send_keys("standard_user")
#3.定位密码框并输入密码
driver.find_element(By.ID,"password").send_keys("secret_sauce")
#4.单击"登录"按钮
driver.find_element(By.ID,"login-button").click()
#5.验证进入商品列表页
try:
    products = driver.find_element(By.CLASS_NAME,"title").text
    if products == "PRODUCTS":
        print("登录成功,已经在商品列表页")
except Exception as error:
    print("登录失败,不在商品列表页",format(error))
#6.添加商品到购物车
driver.find_element(By.ID,"add-to-cart-sauce-labs-backpack").click()
#7.切换到购物车页面验证商品是否添加成功并点结算
driver.find_element(By.CLASS_NAME,"shopping_cart_link").click()
name = driver.find_element(By.CLASS_NAME,"inventory_item_name").text
if name == "Sauce Labs Backpack":
    print("添加商品到购物车成功")
else:
    print("添加商品到购物车失败")
# 单击"CHECKOUT"按钮
driver.find_element(By.ID,"checkout").click()
checkout = driver.find_element(By.CLASS_NAME,"title").text
if checkout == "CHECKOUT: YOUR INFORMATION":
    print("进入 checkout:输入信息页")
else:
    print("没有进入 checkout:输入信息页")
#8.输入 checkout 信息
driver.find_element(By.ID,"first-name").send_keys("first name")
```

```
driver.find_element(By.ID,"last-name").send_keys("last name")
driver.find_element(By.ID,"postal-code").send_keys("10000")
driver.find_element(By.ID,"continue").click()
overview = driver.find_element(By.CLASS_NAME,"title").text
if overview == "CHECKOUT: OVERVIEW":
  print("输入信息成功,跳转至结算页")
else:
  print("输入信息失败,没有跳转至结算页")
#9.提交订单
driver.find_element(By.ID,"finish").click()
#10.验证购物流程完成
complete = driver.find_element(By.CLASS_NAME,"complete-header").text
if complete == "THANK YOU FOR YOUR ORDER":
  print("单击提交订单成功,购物流程完成")
else:
  print("提交订单失败,购物流程走不通")
sleep(3)# 观察页面
driver.quit()
```

③运行调试代码,结果如图 9.30 所示。

图 9.30　运行结果

根据输出的信息,可以清晰地了解每个关键步骤是否运行成功。

课后习题

按要求使用 Selenium 脚本完成站点 demoblaze,添加购物车和删除购物车功能测试。

（1）打开站点首页 https://www.demoblaze.com/。

（2）找到商品列表中的第一个商品,点击此商品的图片,进入商品详情页。

（3）在商品详情页中,找到"Add to cart"按钮并点击,将商品加入购物车,加入后关闭"商品加入成功"弹框。

（4）点击顶部 Cart 导航,进入购物车页面。

（5）找到刚加入购物车的商品,单击"Delete",删除此商品,完成测试。

参考文献

[1]虫师. Selenium2 自动化测试实战:基于 Python 语言[M]. 北京:电子工业出版社,2016.

[2]柳纯录. 软件评测师教程[M]. 北京:清华大学出版社,2005.

[3]周金剑. 自动化测试实战宝典:Robot Framework＋Python 从小工到专家[M]. 北京:电子工业出版社,2020.

[4]卢家涛. 全栈自动化测试实战:基于 TestNG、HttpClient、Selenium 和 Appium[M]. 北京:电子工业出版社,2020.